BONOBOS

DIE ZÄRTLICHEN MENSCHENAFFEN

BONOBOS

DIE ZÄRTLICHEN MENSCHENAFFEN

FRANS DE WAAL

PHOTOS

FRANS LANTING

Aus dem Amerikanischen
von Monika Niehaus-Osterloh

Springer Basel AG

Die amerikanische Originalausgabe erschien 1997 unter
dem Titel „Bonobo – The Forgotten Ape" bei University
of California Press, Berkeley/Los Angeles/London. All
rights reserved.

Text © 1997 Frans B.M. de Waal
Photographs © 1997 Frans Lanting

Die Übersetzerin dankt Dr. Barbara Fruth, Max-Planck-
Institut für Verhaltensphysiologie, für ihre kritische
Durchsicht des 3. Kapitels und ihre Hilfe bei Fachter-
mini.
Wissenschaftliche Beratung: Dipl.-Biol. Hans-Peter
Krull, Zooschule Krefeld

Die Deutsche Bibliothek – CIP-Einheitsaufnahme

Waal, Frans de:
Bonobos : die zärtlichen Menschenaffen / Frans de Waal ;
Frans Lanting. Aus dem Amerikan. von Monika Niehaus-Osterloh. – Basel ; Boston ; Berlin : Birkhäuser,
1998
    Einheitssacht.: Bonobo – the forgotten ape <dt.>

©1998 der deutschsprachigen Ausgabe:
Springer Basel AG
Ursprünglich erschienen bei Birkhäuser Verlag 1998.
Softcover reprint of the hardcover 1st edition 1998

Umschlaggestaltung: Atelier Jäger, D–88682 Salem
Gedruckt auf säurefreiem Papier

ISBN 978-3-0348-7808-1   ISBN 978-3-0348-7807-4 (eBook)
DOI 10.1007/978-3-0348-7807-4

9 8 7 6 5 4 3 2 1

INHALT

Ein neugieriger Bonobo. Beachten Sie die typischen schmalen Schultern und den schlanken Hals wie auch den relativ kleinen runden Schädel. Diese Merkmale brachten Anatomen zuerst auf den Gedanken, es könne sich um eine andere Art handeln. Anfänglich bezeichnete man Bonobos als „Zwergschimpansen", doch die meisten Wissenschaftler halten diesen Namen heute für irreführend, denn zwischen Bonobos und Schimpansen existiert eine Größenüberschneidung. Bonobos sind zierlicher gebaut als ihre Vettern, haben ein schwarzes Gesicht mit rötlichen Lippen und tragen dünne schwarze Haare auf dem Kopf. Gefangene Bonobos verbringen jedoch so viel Zeit damit, einander zu groomen, daß einige ihre Kopfhaare verlieren. Diese Kahlköpfigkeit ist jedoch nur temporär; dieser Frau wuchsen wieder Haare, nachdem sie mit anderen Artgenossen zusammengesetzt wurde, die sie weniger häufig groomten.

Folgende Seite: Bonobos am Rand eines Waldes in der Nähe von Wamba. Andere Populationen im kongolesischen Regenwald müssen ebenfalls beobachtet werden, denn Bonobos verhalten sich nicht zwangsläufig überall in ihrem Verbreitungsgebiet gleich. Doch nur in Wamba werden seit mehr als zwanzig Jahren kontinuierlich Daten gesammelt.

Auf der ganzen Welt leben insgesamt nur etwa
hundert Bonobos in zoologischen Gärten und
Forschungseinrichtungen, wohingegen dort
mehrere tausend Schimpansen gehalten werden.
Die Zuchtprogramme in Zoos haben gewaltige
Fortschritte gemacht, was die Gesundheit und den
Fortpflanzungserfolg ihrer kostbaren Bonobos
angeht, aber auch deren Gehege wurden deutlich
attraktiver gestaltet. Diese Innenanlage im Zoo von
Cincinnati ist dem natürlichen Habitat dieser
Menschenaffen nachempfunden.

Für unsere grazilen Verwandten und die Menschen,

die ihr Leben dem Ziel gewidmet haben,

sie zu entdecken, zu erforschen und zu schützen.

Wie könnte man einen kaum bekannten nahen Verwandten besser ehren als durch eine Verschmelzung von Wissenschaft und Kunst, eine Kombination von harterarbeiteten Informationen und provokanten Bildern? Entstanden ist ein Buch, das das Bonobopuzzle in einer Art und Weise darzustellen versucht, die hoffentlich ein breites Publikum anspricht.

Das mühsame Sammeln von Fakten, das schließlich zu dem führte, was wir heute über den Bonobo wissen, begann vor langer Zeit auf mehreren Kontinenten. Im Jahr 1929 wurden Bonobos in einem belgischen Museum entdeckt; frühe Untersuchungen in deutschen Zoos zeigten, wie sehr sich das Verhalten des Bonobo von demjenigen seiner Schwesterart, des Schimpansen, unterscheidet. Es folgten die ersten Expeditionen japanischer und westlicher Wissenschaftler ins Innere des Kongo (ehemals Zaire), um das Sozialverhalten dieses scheuen Anthropoiden zu erforschen. Dank kontinuierlicher Freilandbeobachtungen und intensiver Forschungen in zoologischen Gärten und anderen wissenschaftlichen Einrichtungen sind wir nun endlich soweit, einen ersten Einblick in die einzigartige Gesellschaftsstruktur des Bonobo zu gewinnen. Doch es bleibt immer noch ein flüchtiger Einblick. Nur wenige Außenstehende haben jemals einen lebenden Bonobo in freier Wildbahn gesehen, und Photographien dieser Tiere sind außerordentlich selten.

Die aktuelle Entwicklung in der Forschung haben uns beide, einen Zoologen und einen Photographen, bei diesem Projekt zusammengeführt. Trotz unserer so ganz verschiedenen Berufe ist unser Hintergrund ähnlich. Wir stammen beide aus einer Generation niederländischer Naturforscher, die zu einer Zeit aufwuchsen, als im ganzen Land gefeierte Schriftsteller, Dichter und sogar Fernsehleute von den Ideen Konrad Lorenz' und Niko Tinbergens inspiriert wurden; beide teilten sich später für ihre revolutionären Untersuchungen zum Tierverhalten den Nobelpreis. Die Ethologie, wie man dieses Gebiet heute nennt, strebt eine umfassende Sicht der Tiere an. Diese werden nicht sosehr als Modelle unserer selbst betrachtet, sondern als Anpassungskünstler: Jede Art hat eine eigene Form der Kommunikation, eigene Problemlösungsstrategien und eine eigene typische soziale Organisation entwickelt, innerhalb deren sie überlebt und sich fortpflanzt.

Das Bonoboverhalten ist ethologisch von zwei komplementären, einander ergänzenden Ansätzen aus untersucht worden. Die Feldforschung hat wertvolle Informationen über die Naturgeschichte dieser Art geliefert, während Beobachtungen in modernen Zoogehegen die notwendigen Verhaltensdetails ergänzt haben. Wir haben aus den bahnbrechenden Arbeiten eines Dutzends Experten so viel gelernt, daß Bonobos inzwischen zu einem „brandaktuellen" Thema unter Primatologen geworden sind – aber leider ist die Primatologengemeinde nur klein. Während jedermann Schimpansen, Gorillas und Orang-Utans aus Fernsehdokumentationen und Zeitschriften kennt, haben nur wenige Leute jemals von Bonobos gehört. Bücher und Artikel über die anderen Menschenaffen füllen eine kleine Bibliothek; für eine vollständige Sammlung von Literatur über Bonobos reicht ein Pappkarton.

Es ist höchste Zeit, daß das öffentliche Interesse an diesem ansprechenden, faszinierenden Primaten wächst, der eine große Herausforderung für traditionelle

VORWORT

Vorstellungen über den Ursprung des Menschen darstellt. Diese Herausforderung fällt in eine Zeit, in der Fossilfunde die eingefahrenen Ansichten darüber, wie das Leben in der Steppe die menschliche Evolution beeinflußt hat, in Frage stellen. Die Befunde deuten darauf hin, daß die Fortbewegung auf zwei Beinen, ein evolutionärer Schritt, der lange als entscheidendes Moment in der menschlichen Prähistorie galt, einige Zeit mit einem baumlebenden Lebensstil koexistiert hat – ein Befund, der den waldbewohnenden Bonobos bei einer neuen Rekonstruktion der Vergangenheit eine Schlusselstellung verleihen könnte.

Bonobos sind jedoch keine historischen Phänomene – jedenfalls noch nicht. Die Art lebt noch immer in einer Region der Welt, deren Abgelegenheit sie bisher vor der großflächigen Lebensraumzerstörung geschützt hat, wie sie überall anderenorts in den Tropen stattfindet. Wenn wir uns nachdrücklich für den Schutz des Bonobo einsetzen, können wir diesen Planeten vielleicht noch lange mit einem Familienmitglied teilen, das uns eine völlig neue Sicht auf uns selbst beschert.

FRANS DE WAAL
Atlanta, Georgia

FRANS LANTING
Santa Cruz, Kalifornien

KAPITEL 1

DER LETZTE MENSCHENAFFE

Wenn die lebhaften, durchdringenden Augen in die unsrigen schauen und uns auffordern zu offenbaren, wer wir sind, spüren wir sofort, daß wir nicht „nur" ein Tier, sondern ein Geschöpf von beträchtlichem Intellekt und einem sicheren Gespür für seinen Platz in der Welt vor uns haben. Wir stehen einem Vertreter derselben schwanzlosen, flachbrüstigen, langarmigen Primatenfamilie gegenüber, zu der wir selbst und nur eine Handvoll weiterer Arten gehören. Wir spüren die uralte Verbindung, die zwischen uns existiert, bevor wir innehalten können, um wie gewohnt daran zu denken, wie verschieden wir doch sind.

Bonobos bringen dieses Gefühl unserer Einzigartigkeit rasch ins Wanken: In allem, was sie tun, ähneln sie uns. Ein schmollender junger Bonobo schiebt seine Lippen vor wie ein unglückliches Kind oder streckt eine offene Hand aus, um Futter zu erbetteln. Auf dem Höhepunkt der Paarung kommt es vor, daß eine Bonobofrau offenbar vor Vergnügen quiekt. Und beim Spielen, wenn ihre Partner sie am Bauch oder unter den Achseln kitzeln, stoßen Bonobos ein rauhes Lachen aus. Es läßt sich nicht leugnen, wir betrachten ein Tier, das uns so ähnlich ist, daß die Trennlinie zu verschwimmen droht.

Auch wenn Bonobos viele Menschen erstaunen und begeistern, sind die Folgerungen, die sich aus ihrem Verhalten für Theorien der menschlichen Evolution ergeben, manchmal recht unbequem. Diese Menschenaffen passen nicht in traditionelle Denkschemata, doch sie stehen uns ebenso nahe wie Schimpansen, die

Art, aus deren Verhalten man viele Rückschlüsse auf angestammte menschliche Verhaltensweisen gezogen hat. Hätte man Bonobos bereits früher gekannt, dann hätten Rekonstruktionen der menschlichen Evolution sexuelle Beziehungen, die Gleichwertigkeit der Geschlechter und den Ursprung der Familie vielleicht stärker betont, statt sich auf Krieg, Jagd, Werkzeugtechnologie und andere maskuline Stärken zu konzentrieren. Die Bonobogesellschaft scheint eher nach dem Slogan der sechziger Jahre „Make love, not war" zu leben und entspricht keineswegs dem Mythos vom blutrünstigen Killeraffen, der die ethologischen Lehrbücher mindestens drei Jahrzehnte lang beherrscht hat.

SIND WIR KILLERAFFEN?

Im Jahr 1925 verkündete Raymond Dart die Entdeckung von *Australopithecus africanus*, eines entscheidenden „fehlenden Bindeglieds" *(missing link)* in der menschlichen Fossilgeschichte. Dieser aufrecht gehende bipede Hominide mit affenartigen Merkmalen führte die Hominidenlinie beträchtlich näher an die Menschenaffenlinie heran, als man es zuvor für möglich gehalten hatte. Der Fund lieferte auch einen ersten Hinweis darauf, daß Charles Darwin recht gehabt hatte, als er die Wiege der Menschheit in Afrika und nicht etwa Asien oder Europa vermutete.

Aufgrund dessen, was er an der Fundstelle entdeckte, stellte Dart die Hypothese auf, *Australopithecus* sei ein Fleischfresser gewesen, der seine Beute lebend verzehrte, indem er ihr Glied um Glied ausriß und seinen Durst mit ihrem warmen Blut stillte. Der Killeraffenmythos beruht auf der Darstellung des Wissenschaftspublizisten Robert Ardrey, der diese und andere Vorstellungen in seinen Büchern dramatisierte, so auch die Behauptung, Krieg leite sich von der Jagd ab und kultureller Fortschritt sei ohne Aggressivität unmöglich. Der berühmte Verhaltensforscher Konrad Lorenz fügte ergänzend hinzu, „professionelle" Raubtiere, wie Löwen und Wölfe, hätten im Lauf ihrer Evolution starke Hemmungen ausgebildet, die sie davon abhielten, ihre Waffen gegen ihre Artgenossen einzusetzen, wohingegen Menschen leider keine Zeit gehabt hätten, derartige Hemmungen zu entwickeln. Von vegetarischen Vorfahren abstammend, seien wir fast über Nacht zu Fleischfressern geworden; daher fehlten unserer Art geeignete Kontrollmechanismen, was das innerartliche Töten betrifft.

Vermutlich hatte der ungeheure Anklang dieses Szenarios mehr mit dem Völkermord im Zweiten Weltkrieg zu tun als mit Fossilfunden. Das Vertrauen in die menschliche Natur war nach dem Krieg auf einem Tiefpunkt angelangt, und die Popularisierungen von Ardrey und Lorenz verstärkten lediglich die misanthropische Stimmung. In *A View to a Death in the Morning* beschreibt Matt Cartmill die Wirkung dieser heute überholten Vorstellung, nach der die Lust am Töten uns zu dem gemacht habe, was wir seien:

In den sechziger Jahren wurden die zentralen Aussagen der Jagdhypothese – derzufolge die Jagd und die sich daraus ergebenden Selektionsdrucke aus menschenaffenähnlichen Vorfahren Männer und Frauen gemacht, ihnen eine Vorliebe für Gewalt eingeimpft, sie dem Tierreich entfremdet und sie aus der natürlichen Ordnung ausgeschlossen hatten – zu vertrauten Themen der nationalen Kultur, und das Bild vom *Homo sapiens* als geistig gestörtem Raubtier, das das sonst harmonische Reich der Natur bedroht, wurde so allgegenwärtig, daß es keine Kritik mehr hervorrief. (...) 1968 nahmen Millionen von Besuchern von Stanley Kubricks Film *2001* Darts ganze Theorie in einem einzigen überwältigenden Bild in sich auf, als ein Australopithecine, der gerade mit dem Oberschenkelknochen eines Zebras den ersten Mord auf Erden begangen hatte, den Knochen triumphierend in die Luft wirft – und er verwandelt sich in ein im Orbit kreisendes Raumschiff.[1]

Ironischerweise geht man heute davon aus, daß *Australopithecus* keineswegs ein besonders blutrünstiger Jäger, sondern vielmehr selbst die bevorzugte Beute großer Fleischfresser war. Die Verletzungen an den fossilen Schädeln, die Dart als Beweis für knüppelschwingende Vormenschen ansah, lassen sich vollständig durch Leoparden- und Hyänenbisse erklären. Aller Wahrscheinlichkeit nach war das Leben unserer Vorfahren zu Beginn unserer Abstammungslinie von Angst statt von Angriffslust geprägt.

BONOBOS ALS MODELL

Bonobos sind nicht auf dem Weg, zu Menschen zu werden, genausowenig, wie wir auf dem Weg sind, zu Bonobos zu werden. Wir sind beide wohletablierte, hochentwickelte Arten. Wir können jedoch einiges über uns selbst lernen, wenn wir Bonobos beobachten, denn unsere beiden Arten haben einen gemeinsamen Vorfahren, der vermutlich vor „nur" rund sechs Millionen Jahren gelebt hat. Möglicherweise haben Bonobos Merkmale dieses Vorfahren bewahrt, die wir bei uns selbst nur schwer rekonstruieren können oder gewöhnlich nicht in einem stammesgeschichtlichen Licht sehen.

Vor noch nicht allzu langer Zeit sah man in einem viel entfernteren Verwandten, dem Steppenpavian, das beste lebende Modell für stammesgeschichtlich altes menschliches Verhalten. Diese bodenlebenden Primaten sind an die Art ökologischer Bedingungen angepaßt, denen sich die Protohominiden (Vormenschen) gegenübersahen, nachdem sie die Bäume verlassen hatten. Das Pavianmodell wurde jedoch weitgehend ad acta gelegt, als sich herausstellte, daß Schimpansen zahlreiche grundlegende menschliche Merkmale aufweisen, die bei Pavianen völlig fehlen oder nur minimal entwickelt sind. Bei Schimpansen hat man gemeinsames Jagen, Teilen der Nahrung, Werkzeuggebrauch, machtpolitisches Handeln und primitive Kriegführung beobachtet; diese Menschenaffen*

---

* Im Englischen wird zwischen den schwanzlosen *apes* – Menschenaffen – und *monkeys* unterschieden, einem Sammelbegriff für die zumeist kleineren, schwanztragenden Primaten mit Ausnahme der Halbaffen. Im Deutschen gibt es dafür nur den etwas altertümlichen Ausdruck „Tieraffen". (Anm. d. Üb.)

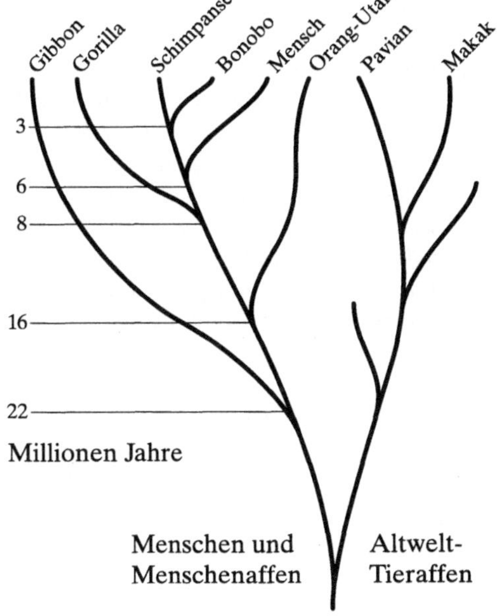

Vor rund dreißig Millionen Jahren spaltete sich die Primatenlinie der Alten Welt in zwei Äste auf: in die schwanztragenden sogenannten Tieraffen und in die schwanzlosen Menschenartigen, die Hominoiden. Der zweite Ast brachte den gemeinsamen Vorfahren von Menschen und Menschenaffen hervor. Die menschliche Linie spaltete sich vor schätzungsweise sechs Millionen Jahren ab – deutlich vor dem Zeitpunkt, an dem es zur Trennung zwischen Bonobos und Schimpansen kam. Daher kann man nicht sagen, eine dieser beiden Menschenaffenarten stünde dem Menschen näher als die andere. Dieser evolutionäre Stammbaum beruht auf Vergleichen der DNS-Moleküle, den Trägern der Erbinformation.

Einige Verhaltensforscher hatten bereits seit längerem vermutet, daß Bonobos „anders" seien, bevor die Art 1929 offiziell als eigenständig anerkannt wurde. Diese körnige Photographie, die zwischen 1911 und 1916 im Zoo von Amsterdam aufgenommen wurde, zeigt zwei Menschenaffen, Mafuca (links) und Kees (rechts), die man damals beide für Schimpansen hielt. Ein niederländischer Naturforscher, Anton Portielje, spekulierte jedoch, Mafuca stelle möglicherweise eine neue Art dar. Wir können Mafuca heute anhand seines kleinen Kopfes, seiner schwarzen Ohren und seines langen Haars eindeutig als Bonobo identifizieren. Mafuca soll das beliebteste Tier im Zoo gewesen sein. (Mit freundlicher Genehmigung von Natura Artis Magistra, *Amsterdam.)*

sind bei entsprechendem Training auch in der Lage, eine auf Symbolen beruhende Kommunikation, wie die Gebärdensprache, zu erlernen. Hinzu kommt, daß sich Schimpansen im Spiegel wiedererkennen – ein Hinweise auf Selbstbewußtsein, für das es bisher keinen oder kaum Hinweise bei Tieraffen gibt. Wie wir gehören die Schimpansen zu den Hominoidea (Menschenartigen), einem Zweig, der sich vor langer Zeit vom übrigen Primatenstammbaum abgespalten hat. Sie stehen uns daher genetisch viel näher als die Paviane.

Obgleich das Schimpansenmodell der menschlichen Evolution eine große Verbesserung gegenüber dem Pavianmodell darstellte, konnte ein Aspekt dieses Modells unverändert übernommen werden: Die Vormachtstellung des männlichen Geschlechts blieb die natürliche Ordnung der Dinge. Sowohl bei Schimpansen als auch bei Pavianen dominieren die männlichen Gruppenmitglieder eindeutig die weiblichen. Bei Pavianen sind die Männchen doppelt so groß wie die Weibchen, und sie besitzen Eckzähne, die einem Leoparden zur Ehre gereichen würden, wohingegen den Weibchen derart mächtige Waffen fehlen. Der Sexualdimorphismus (der Größenunterschied zwischen den erwachsenen Vertretern beider Geschlechter) mag bei Schimpansen weniger stark ausgeprägt sein, aber auch bei dieser Art herrschen die Männer unangefochten und häufig brutal. Es ist außerordentlich ungewöhnlich, daß eine Frau einen ausgewachsenen, gesunden Schimpansenmann dominiert.

Und nun Bühne frei für den Bonobo, den man am besten als weiblich bestimmte, gleichberechtigte Primatenart charakterisiert, die Aggression durch Sex ersetzt. Man kann das Sozialverhalten dieses Menschenaffen unmöglich verstehen, ohne sein Sexualleben zu berücksichtigen: Beides ist untrennbar miteinander verknüpft. Während das Sexualverhalten bei den meisten anderen Arten eine recht scharf umrissene Kategorie bildet, ist es beim Bonobo zu einem integralen Bestandteil des sozialen Beziehungsgefüges geworden, und das gilt nicht nur für Männer und Frauen. Bonobos betreiben Sex in buchstäblich jeder Partnerkombination: Männer mit Männern, Männer mit Frauen, Frauen mit Frauen, Männer mit Heranwachsenden, Frauen mit Heranwachsenden und so weiter. Auch die Häufigkeit von Sexualkontakten ist größer als bei den meisten anderen Primaten.

Bonobos weisen jedoch eine niedrige Fortpflanzungsrate auf. Im Freiland ist sie annähernd genauso hoch wie bei Schimpansen, das heißt, etwa alle fünf Jahre gebiert eine Frau ein einzelnes Kind. Diese Kombination von sexuellem Appetit und langsamer Vermehrung klingt natürlich vertraut: Nichtreproduktiver Sex ist ein typisches Merkmal unserer Art.

Wenn der einzige Zweck von Sex in der Fortpflanzung läge, wie es einige religiöse Doktrinen gern hätten, warum ist die durchschnittliche Familiengröße in Industrienationen dann auf weniger als zwei Kinder gesunken, obgleich unzählige Menschenpaare in diesen Ländern regelmäßig sexuellen Verkehr miteinander pflegen? Vielleicht tun sie es nur deshalb, weil es Spaß macht und daher suchtbildend wirkt. Doch das führt automatisch zu der Frage: Warum übt Sex diese Wirkung auf Menschen aus? Schließlich beschränken die meisten anderen Tiere ihre Paarungsaktivität auf eine bestimmte Jahreszeit oder auf ein paar Tage im Verlauf ihres Ovulationszyklus; anscheinend verspüren sie außerhalb des Fortpflanzungsrahmens keinerlei sexuelle Bedürfnisse.

Der Bonobo mit seinem abwechslungsreichen, beinahe phantasievollen Erotizismus könnte uns helfen, sexuelle Beziehungen in einem größeren Zusammenhang zu sehen. Gewisse Aspekte der menschlichen Sexualität, wie Lust, Liebe und Bindung, werden von reproduktionsfixierten Ideologen häufig übersehen. Sollten diese Aspekte bereits seit sehr langer Zeit für unsere Abstammungslinie typisch sein, so würde dies zu wichtigen Schlußfolgerungen führen – denken Sie nur daran, wie oft Moralvorschriften auf Behauptungen über die Natürlichkeit oder Widernatürlichkeit von Verhaltensweisen beruhen: „Natürlich" wird im allgemeinen mit „gut" und „akzeptabel" gleichgesetzt. Wenn das richtig ist und man aus dem Bonoboverhalten irgendwelche Rückschlüsse ziehen kann, dann lassen sich nur wenige menschliche Sexualpraktiken als „widernatürlich" ablehnen.

Weil die Rolle des Sex in der Gesellschaft eine derart befrachtete und kontrovers diskutierte Streitfrage ist, haben Wissenschaftler diese Seite des Bonoboverhaltens häufig heruntergespielt, wohingegen die wenigen Journalisten, die über diese Art geschrieben haben, diesen Aspekt natürlich herausstrichen. In diesem Buch hoffe ich, eine Balance zu finden: Ich möchte dem Thema die Aufmerksamkeit widmen, die es verdient, ohne Bonobos auf die lüsternen Satyrn zu reduzieren, als die man unsere nächsten Verwandten früher betrachtet hat. Sexuelle Kontakte nach Bonoboart sind völlig beiläufig, oft eher liebevoll als erotisch. Wenn die Affen selbst so entspannt damit umgehen, sollten wir uns nicht in typisch menschliche fixe Ideen verrennen. Zudem bietet die Naturgeschichte des Bonobo weitaus mehr als nur Sex. Die gesamte soziale Organisation dieser Art ist faszinierend; das gilt für ihre Kommunikationsweise, die Kinderaufzucht, ihre bemerkenswerte Intelligenz und ihren Status in der Wildnis. Das Lebewesen in seiner Gesamtheit verdient Aufmerksamkeit, nicht nur ein Teil von ihm.

In den vergangenen Jahren ist viel Wissenswertes aus verschiedenen Gebieten über diesen rätselhaftesten aller Menschenaffen zusammengetragen worden. Die Befunde lassen uns aufhorchen, denn der Bonobo steht uns ebenso nahe wie seine Geschwisterart, der Schimpanse. Nach DNS-Analysen teilen wir über 98 Prozent unseres genetischen Materials mit der einen wie der anderen dieser beiden Menschenaffenarten. Und sie sind nicht nur unsere nächsten Verwandten, sondern wir sind auch die ihren! Das heißt, die genetische Ausstattung eines Schimpansen oder eines Bonobo stimmt mit der unsrigen stärker überein als mit derjenigen irgendeines anderen Tiers; das gilt auch für andere Primaten, wie Gorillas, von denen man früher annahm, sie seien mit beiden Arten näher verwandt als mit uns.

Kein Wunder, daß Carl von Linné, der die taxonomische Trennung zwischen Menschen und Menschenaffen schuf, diese Entscheidung später bereute. Diese Trennung gilt heute als völlig künstlich. Was die Familienähnlichkeit angeht, so bleiben uns nur zwei Möglichkeiten: Entweder gehören wir zu ihnen, oder sie gehören zu uns.

Vor Jahren, als der Säugetierkonservator des Zoologischen Museums von Amsterdam zufällig die ausgestopften Überreste eines Menschenaffen namens „Mafuca" abstaubte, erkannte er sofort, daß es sich um einen Bonobo handelte, obwohl die Beschriftung „Schimpanse" lautete. Während Mafucas kurzer Lebensspanne – von 1911 bis 1916 – wurden Bonobos noch nicht als eigene Art angesehen, wenngleich einige scharfe Beobachter auch bereits den Unterschied zwischen ihnen und Schimpansen erahnten.

Im Jahr 1916 spekulierte ein aufmerksamer niederländischer Naturforscher, Anton Portielje, in einem Führer des Amsterdamer Zoos darüber, ob der überaus populäre Mafuca nicht möglicherweise eine neue Primatenart repräsentiere. Einige Jahre später verglich Robert Yerkes, der amerikanische Pionier der Menschenaffenforschung, „Prince Chim", von dem wir heute wissen, daß er ein Bonobo war, mit einem Schimpansen und notierte: „Eine vollständige anatomische Beschreibung beider Tiere könnte die Frage aufwerfen, ob sie beide Schimpansen sind."[2] Im Grunde genommen müßte man daher die Erkenntnis, daß Bonobos und Schimpansen zwei eigenständige Arten bilden, Verhaltensforschern wie Portielje und Yerkes zuschreiben.

Doch erst als die Anatomen zum gleichen Schluß kamen, horchte die Fachwelt auf. Die offizielle Erhebung in den Artstatus im Jahr 1929 war ein außerordentlich wichtiges Ereignis: Der Bonobo wurde zu einem der letzten großen Säuger, der der Wissenschaft bekannt wurde. Statt in einem üppigen afrikanischen Urwald fand die Entdeckung in einem belgischen Kolonialmuseum statt, und zwar bei der Untersuchung eines Schädels, den man wegen seiner geringen Größe zunächst einem juvenilen Schimpansen zugeschrieben hatte. Bei einem heranwachsenden Tier sollten die Fugen zwischen den Schädelknochen jedoch noch offen sein, wohingegen sie bei diesem Exemplar bereits fest verwachsen waren. Ernst Schwarz, ein deutscher Anatom, schloß daraus, daß der Schädel zu einem erwachsenen (adulten) Tier mit ungewöhnlich kleinem Kopf gehört haben müsse, und erklärte, er sei über eine neue Unterart des Schimpansen gestolpert. Bald darauf hielt man die Unterschiede jedoch für wesentlich genug, um den Bonobo in den Status einer völlig neuen Art zu erheben, die offiziell den Namen *Pan paniscus* erhielt.

Wenn es auch Schwarz' Name war, der als der des Erstbeschreibers offiziell dem neuen Artnamen nachgestellt wurde – eine Ehre, für die Biologen freudig ihr Leben hingeben –, so lieferte der amerikanische Anatom Harold Coolidge 1933 doch eine weit detailliertere Beschreibung. Ein halbes Jahrhundert später stellte Coolidge Schwarz' Priorität in Frage und griff ihn heftig an. Auf einer internationalen Primatologenkonferenz 1982 behauptete er, er selbst sei der erste gewesen, dem der ungewöhnliche Schädel im Museum aufgefallen sei. In seiner Aufregung habe er ihn dem Museumsdirektor gezeigt, der seinem Freund Schwarz angeblich zwei Wochen später davon erzählte. Schwarz habe keine Zeit verloren und die Entdeckung in einer obskuren Zeitschrift veröffentlicht, die vom Museum herausgegeben wurde. „Ich bin um meinen Platz in der taxonomischen Literatur betrogen worden!" rief Coolidge bei dem Symposium aus. Leider ließ sich Schwarz'

Darstellung der Angelegenheit nicht mehr ermitteln: Die Anschuldigungen wurden erst nach seinem Tod erhoben.

Der Gattungsname des Bonobo, *Pan*, leitet sich passenderweise vom griechischen Gott der Herden, Hirten und Wälder ab, der einen menschlichen Torso, aber Beine, Bart, Ohren und Hörner eines Ziegenbocks besitzt. Verspielt und lüstern liebte es Pan, die Nymphen zu jagen, und spielte auf seiner Hirtenflöte, einem eindeutig phallischen Symbol. Die Endung des Artnamens, *paniscus*, kennzeichnet ihn als Verkleinerung. Der andere Vertreter derselben Gattung, der Schimpanse, trägt den Artnamen *troglodytes*, Höhlenbewohner. Daher haben wir es mit recht sonderbaren Beinamen für Tiere zu tun, die an das Baumleben angepaßt sind: Der Bonobo ist somit ein kleiner, der Schimpanse ein höhlenbewohnender Hirtengott.

Da Bonobo und Schimpanse enge Verwandte sind und letzterer besser bekannt ist, werden beide Arten gelegentlich als zwei Schimpansenformen zusammengefaßt. Daher wird der Bonobo auch als „Zwergschimpanse" bezeichnet. Leider hat das im Englischen zu der Bezeichnung „common chimpanzee" (*common* = allgemein, häufig) für den Gemeinen Schimpansen geführt – ein fragwürdiges Etikett für eine bedrohte Art. Zudem wenden sich einige Wissenschaftler gegen den Ausdruck „Zwergschimpanse", weil er nicht nur falsch ist (zwischen Bonobos und Schimpansen existiert eine beträchtliche Größenüberschneidung), sondern auch zu sehr danach klingt, als ob der Bonobo lediglich eine kleinere Ausgabe seines Verwandten wäre. Andere wiederum finden, der Name „Bonobo" sage gar nichts aus und leite sich wahrscheinlich von der falschen Schreibweise des kongolesischen Ortes „Bolobo" auf einer Lattenkiste ab, in der die Tiere verschifft wurden.

Das Etikett „Bonobo" ist jedoch haftengeblieben, nicht zuletzt deshalb, weil es seinen Träger als eine völlig eigene Art respektiert, statt ihn als eine Art „Miniaturschimpansen" abzuqualifizieren. Zudem klingt „Bonobo" hübsch und paßt zum Wesen des Tiers. Primatologen, die mit seinem Verhalten vertraut sind, haben sogar im Scherz damit begonnen, mit dem Namen eine Tätigkeit zu umschreiben, so zum Beispiel: „We're gonna bonobo tonight" (etwa: „Wir spielen heute nacht Bonobo" – die Interpretation dieser Redewendung bleibt der Phantasie des Lesers überlassen!).

Um diese Notizen zur Entdeckung des letzten Menschenaffen zu vervollständigen: Vor nicht allzu langer Zeit hat sich ironischerweise herausgestellt, daß der Bonobo der Wissenschaft vielleicht länger bekannt ist als irgendein anderer Großer Menschenaffe. Die erste detaillierte Beschreibung eines Menschenaffen lieferte Nicolaas Tulp 1641; er war ein berühmter niederländischer Anatom, der von Rembrandt in seinem Bildnis *Die Anatomiestunde* verewigt worden ist. Der Menschenaffenkörper, den Tulp sezierte, glich seiner Ansicht nach in all seinen strukturellen Details – Muskulatur, Organen usw. – einem menschlichen Körper wie ein Ei dem anderen. Obgleich Tulp sein Forschungsobjekt „Indischer Satyr" taufte und hinzufügte, die einheimische Bevölkerung nenne diesen Menschenaffen „Orang-Utan", war sein Exemplar direkt aus Afrika gekommen. Nur der Name stammte aus Ostindien (auf malaysisch heißt *orang hutan* „Waldmensch").

Robert Yerkes, ein Pionier der Menschenaffenforschung, mit zwei jungen Menschenaffen, einem Mädchen namens Panzee (links) und einem Jungen namens Prince Chim (rechts). Auch Yerkes ahnte bereits etwas vom speziellen Status des Bonobo, bevor die Art als eigenständig anerkannt wurde. Heute gibt es keinen Zweifel daran, daß Chim, der 1924 an Lungenentzündung starb, ein Bonobo war. Yerkes schloß sein Buch Almost Human *(Beinahe menschlich) mit einem bewegenden Tribut an den kleinen Chim, den er als ein intellektuelles Genie ansah, das sich in Temperament und Verhalten deutlich von allen anderen Menschenaffen unterschied. (Aufnahme Lee Russell, 1923; mit freundlicher Genehmigung des Yerkes Regional Primate Research Center)*

Tulps Gravüre, in Büchern des 17. und 18. Jahrhunderts getreulich wieder und wieder repliziert, zeigt anscheinend einen weiblichen Schimpansen. Wenigstens war das der allgemeine Konsens, bis ein englischer Primatologe, Vernon Reynolds, spekulierte, bei Tulps Satyr könne es sich auch um einen Bonobo gehandelt haben. Reynolds Hauptargument war, daß die ursprüngliche Zeichnung am rechten Fuß des Affen eine häutige Verbindung zwischen dem zweiten und dritten Zeh zeigt. Eine solche „Schwimmhaut" zwischen den Zehen kommt bei Bonobos viel häufiger vor als bei Schimpansen. Zudem wußte man, daß Tulps Exemplar aus Angola stammte. Obgleich dort heute keine Bonobos leben, liegt Angola südlich des Kongoflusses. Diese riesige, zeitweilig mehr als einen Kilometer breite Wasserbarriere trennt gegenwärtig die Schimpansen im Norden, Osten und Westen vollständig von den Bonobos im Süden.[3]

ERSTE EINDRÜCKE

Yerkes hegte eine tiefe Bewunderung für den Charakter und die Intelligenz seines Bonobo und schrieb dazu: „Ich habe niemals ein Tier getroffen, das in bezug auf körperliche Vollkommenheit, Aufgewecktheit, Anpassungsfähigkeit und freundliche Wesensart an Prince Chim herangereicht hätte."[4]

Diese Meinung einer der größten Autoritäten auf dem Gebiet der Menschenaffenpsychologie wog natürlich schwer. Bevor man Yerkes' Begeisterung für Chim jedoch als Pauschalurteil über die Art akzeptiert, sollte man bedenken, daß der Wissenschaftler das Alter seines Bonobo deutlich unterschätzte. Der leichte Bau des Bonobo verleitete ihn zu der Annahme, Chim sei nicht älter als drei Jahre, während eine von Coolidge durchgeführte Autopsie ein Alter von etwa sechs Jahren ergab. Genauso wie ein Kind, das doppelt so alt ist wie ein anderes, diesem geistig weit voraus ist, könnte Chim im Vergleich zu dem Schimpansen Panzee, mit dem er aufwuchs, brillant erschienen sein. Dazu kommt, daß Panzee an Tuberkulose litt, ein weiterer ernsthafter Nachteil im Vergleich zu dem gesunden Chim. Yerkes selbst war sich der Grenzen seines Vergleichs bewußt und betonte, daß Intelligenz, Temperament und Charakter stark von der körperlichen Konstitution abhingen.

Leider werden diese Einschränkungen selten erwähnt, wenn Yerkes' hohe Meinung von Chim zitiert wird, um zu belegen, daß Bonobos außerordentlich intelligent sind. Ich zweifle nicht daran, daß sie es sind, aber ob ihre Intelligenz die anderer Menschenaffen übersteigt, bleibt eine offene Frage. IQs bei Affen werden ebenso kontrovers diskutiert wie IQs beim Menschen. Zum einen existiert eine große individuelle Variabilität: Wenn man einige wenige Bonobos mit einigen wenigen Schimpansen vergleicht, so sagt uns das nicht viel über die beiden Arten insgesamt. Ich kenne einige außergewöhnlich gescheite Menschenaffen, aber darunter sind ganz gewiß nicht nur Bonobos. Beim jetzigen Stand der Forschung ist keineswegs klar, in welchen kognitiven Bereichen – wenn überhaupt – Bonobos andere Menschenaffen generell übertrumpfen.

Eduard Tratz und Heinz Heck waren die ersten, die in den dreißiger Jahren im
Münchner Tierpark Hellabrunn Bonobos und Schimpansen systematisch miteinander verglichen; sie veröffentlichten ihre Ergebnisse aber erst nach dem Zweiten
Weltkrieg. Ihre Befunde beruhten auf Filmsequenzen, die sie zu Lebzeiten ihrer
Bonobos aufgenommen hatten, sowie auf einer Untersuchung der konservierten
Körper, denn alle drei Bonobos waren aus blankem Entsetzen über die Bombar-
dierung der Stadt an Herzversagen gestorben.[5] Tratz' und Hecks Acht-Punkte-Li-
ste umriß als erste die Gebiete, auf denen der Verhaltenskontrast zwischen den
beiden *Pan*-Spezies am größten ist: Sexualverhalten, Aggressionsintensität und
Lautäußerung; im folgenden ihre Liste in etwas komprimierter Form:

1. Bonobos sind empfindlich, lebhaft und nervös, wohingegen Schimpansen
   derb und von hitzigem Temperament sind.
2. Bonobos sträuben nur selten ihre Haare, wohingegen Schimpansen dies häufig tun.
3. Körperliche Gewalt tritt bei Bonobos praktisch nie auf, ist bei Schimpansen
   jedoch weit verbreitet.
4. Bonobos wehren sich durch gezielte Fußtritte, wohingegen Schimpansen versuchen, Angreifer nahe an sich heranzuziehen, um sie zu beißen.
5. Die Bonobostimme enthält die Vokale *a* und *e*, wohingegen Schimpansen
   mehr *u*- und *o*-Vokale benutzen.
6. Bonobos äußern sich häufiger akustisch als Schimpansen.
7. Bonobos strecken ihre Arme aus und schütteln ihre Hände, wenn sie rufen,
   was Schimpansen nicht tun.
8. Bonobos paaren sich *more hominum* und Schimpansen *more canum*.

Nach dem, was wir heute wissen, treffen die Punkte 1 bis 4 zweifellos zu. Auch
wenn der Unterschied hinsichtlich der Aggressivität nur graduell ist, so läßt sich
nicht leugnen, daß die Behandlung, die Schimpansen einander gelegentlich ange-
deihen lassen, wie beißen und mit voller Kraft zuschlagen, unter Bonobos selten
ist. Schimpansen sträuben auch bei der kleinsten Provokation ihre Haare, packen
einen Ast und fordern jeden heraus und schüchtern ein, wen sie für schwächer
halten: Sie geben viel auf ihren Status. Nach Bonobostandards ist der Schimpanse
ein wildes und ungezähmtes Biest oder, wie Tratz und Heck es ausdrücken: „Der
Bonobo ist ein außerordentlich empfindsames, sanftes Geschöpf, weit entfernt
von der dämonischen Urkraft des erwachsenen Schimpansen."[6]
Was Punkt 5 betrifft, so sei auf Blanche Learneds Vergleich der Stimmreper-
toire hingewiesen (eine – wenn auch unbeabsichtigte – Pionierarbeit auf diesem
Gebiet). Bevor offiziell zwischen Bonobos und Schimpansen unterschieden
wurde, hörte Blanche Learned mit musikalisch geschultem Ohr Yerkes' beiden
Menschenaffen, Chim und Panzee, zu. Nach dem, was ich aus Learneds phoneti-
schen Transkriptionen Hunderter von Lautäußerungen berechnet habe, gab
Chim vorwiegend *a*- (48 %), *e*- (38 %) und *u*-Laute (10 %) von sich, Panzee hingegen
vorwiegend *u*- (68%), *o*- (12%) und *oa*-Laute (7 %). Es gibt tasächlich keine raschere
Methode, beide Menschenaffenarten auseinanderzuhalten, als anhand ihrer
Stimmen. Als Heck, Direktor des Tierparks Hellabrunn, zum erstenmal Bonobo-
rufe hörte, die aus einer mit Sackleinen verhängten Lattenkiste drangen, war er

*Schimpansen sind laut! Eine erwachsene Frau be-
kommt einen Wutanfall, nachdem sie von einer anderen Frau zurückgewiesen worden ist. Sie kreischt
durchdringend und schlägt sich mit spasmischen
Armbewegungen selbst. Gefühle wie Frustration und
Feindseligkeit werden bei dieser Art, die für ihr unge-
stümes, extrovertiertes und streitsüchtiges Temperament bekannt ist, ebenso auffällig geäußert wie
Freude und Aufregung. (Aufnahme Frans de Waal)*

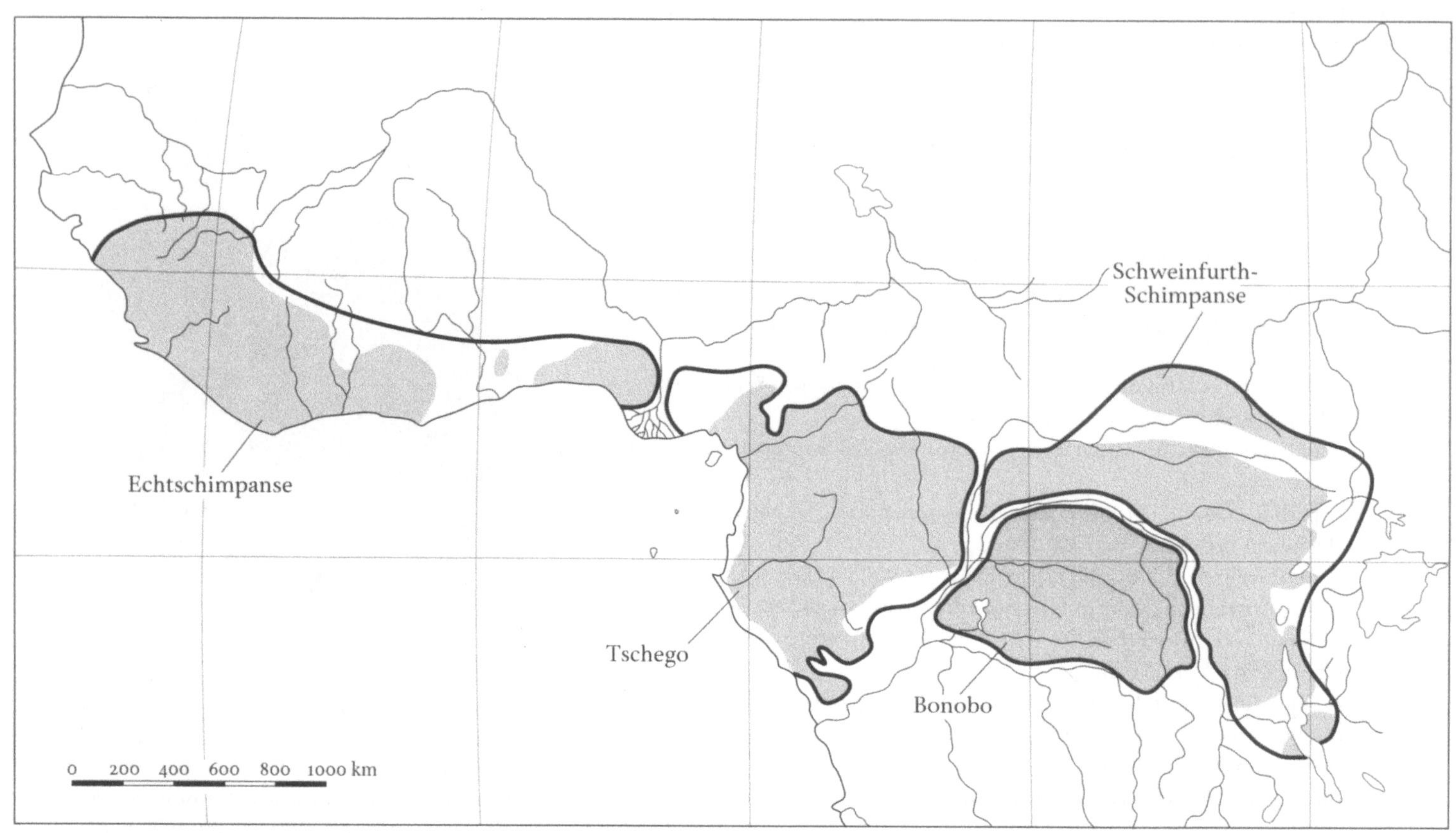

Karte von Äquatorialafrika, die die wahrscheinliche Verteilung der Gattung Pan *um 1900 zeigt. Infolge der Habitatzerstörung ist das heutige Verbreitungsgebiet viel stärker zerstückelt. Es gibt drei Schimpansenunterarten: den Echtschimpansen* (Pan troglodytes verus) *mit hellem Gesicht in Westafrika, den Tschego* (Pan troglodytes troglodytes) *mit dunklem Gesicht in Zentralafrika und den kleineren, langhaarigen Schweinfurth-Schimpansen* (Pan troglodytes schweinfurthii) *in Ostafrika. Die Verbreitung des Bonobo beschränkt sich ausschließlich auf ein Gebiet südlich des Kongoflusses. Diese Karte beruht auf Dirk Thijs van den Audenaerdes Zusammenfassung historischer Ortsangaben im Tervuren-Museum, Belgien.*

überzeugt davon, man habe ihm die falschen Tiere geschickt. Bonoborufe sind so schrill und durchdringend, daß sie den Zuhörer noch nicht einmal entfernt an die typischen langgezogenen „huu ... huu"-Rufe der Schimpansen erinnern. Bonobos unterscheiden sich in der Klangfarbe ihrer Lautäußerung ungefähr so von Schimpansen wie die Stimme eines kleinen Kindes von der eines erwachsenen Mannes.

Richtig ist auch, daß Bonobos häufig gestikulieren, wenn sie rufen, und daß ihre Stimmaktivität hoch ist. Bonobos sind leicht erregbare Geschöpfe, die häufig kleinere Ereignisse rundherum mit schrillem Quieken und Bellen „kommentieren". Selbst wenn ein Großteil dieser Lautäußerungen nur im nahen Umkreis vernehmbar ist, ist der akustische Austausch in einer Gruppe Bonobos eindeutig intensiver als in einer Gruppe Schimpansen. Schimpansen rufen, wenn sie ernsthaft beunruhigt oder durch Futter erregt sind oder auch, um einander einzuschüchtern. Nur wenige Tiere können einen solchen Lärm produzieren wie aufgeregte Schimpansen, aber ein Großteil dieses Getöses wird nur unter ganz bestimmten Umständen erzeugt.

Der letzte Punkt auf Tratz' und Hecks Liste betrifft die Sexualität. Da die Autoren ihre Beobachtungen vor der sexuellen Revolution veröffentlichten, hatten sie das Bedürfnis, ihre schockierenden Befunde in Latein zu kleiden. Damals galten Paarungen von Angesicht zu Angesicht als allein dem Menschen vorbehalten, eine kulturelle Neuerung, die die Würde und Sensibilität widerspiegelte, durch die sich die Menschheit von „niederen" Lebensformen abhob. Die beiden Zoologen behaupteten nun, daß sich Schimpansen zwar wie Hunde *(more canum)* paarten, Bonobos aber dem menschlichen Muster *(more hominum)* folgten. Sie erwähnten in diesem Zusammenhang die interessante Beobachtung, daß die Genitalien der Bonobofrauen anscheinend an diese Position angepaßt sind: Die Scheide (Vulva) liegt weiter vorn, zwischen den Beinen, statt mehr zum Rücken hin orientiert zu sein, wie es bei Schimpansinnen der Fall ist.

Bis heute verbreiten akademische und populäre Publizisten lächerliche Behauptungen über menschliches Paarungsverhalten, Penisgröße und allgemeine Sinnlichkeit.[7] Daß das beträchtliche frühe Wissen über Bonobos übersehen wurde, lag vermutlich hauptsächlich daran, daß der größte Teil dieser Veröffentlichungen nicht in Englisch zugänglich war. Wer durchforstet schon Zeitschriften wie die *Säugetierkundlichen Mitteilungen*? Sieht man einmal von ihrer Rolle bei der Namengebung (sie waren die ersten, die „Bonobo" vorschlugen) ab, so wurden Tratz und Heck von der wissenschaftlichen Gemeinschaft übersehen und vergessen. Eine weitere nicht beachtete Arbeit ist eine bewundernswert detaillierte Untersuchung, die Claudia Jordan an drei europäischen Zoos durchgeführt hat. Ihre Doktorarbeit „Das Verhalten zoolebender Zwergschimpansen" (1977) enthält buchstäblich die gesamte grundlegende Verhaltensinformation, die in der Literatur der folgenden Jahre als neue Entdeckungen präsentiert wurde.

Ein zweiter Grund, warum einigen frühen Untersuchungen wenig Beachtung gezollt wurde, war die Neigung, ungewöhnliches Verhalten von Zootieren als Haltungsartefakte abzutun. Könnte es nicht sein, daß sich die Bonobos so grotesk benehmen, weil sie sich zu Tode langweilen oder unter menschlichem Einfluß stehen? Heute wissen wir, daß sich Zoohaltung – wenn man von extremen Bedingungen absieht – weniger dramatisch auf das Verhalten auswirkt als früher angenommen. Und wie auch immer die Bedingungen sind, unter denen *andere* Primaten gehalten werden, sie verhalten sich niemals wie Bonobos. Mit anderen Worten: Es muß etwas geben, das für die Art und nicht etwa für die Umgebung typisch ist und zum charakteristischen Verhalten der Bonobos führt. Doch erst mit Beginn der Feldforschung konnte man die Verhalten-als-Artefakt-Theorie endgültig ad acta legen. Die Forschungsergebnisse an Bonobos in ihrem natürlichen Lebensraum bestätigten weitgehend die wegweisenden Beobachtungen von Yerkes, Tratz und Heck, Learned, Jordan und anderen.

Im Jahr 1974 machte sich ein junges Paar irisch-südafrikanischer Herkunft, Alison und Noel Badrian, ohne jeden finanziellen Rückhalt und ganz auf sich allein gestellt, auf den Weg in die abgelegenen Regenwälder des nördlichen Kongo. Sie bauten im Lomakowald eine Forschungsstation auf, in der heute noch gearbeitet wird, wenn die Beobachtungen auch mit Unterbrechungen und von verschiedenen Wissenschaftlern durchgeführt wurden. Die andere bedeutende Forschungsstation in der Republik Kongo, die im selben Jahr eingerichtet wurde, wurde viel kontinuierlicher geführt und entwickelte sich daher zur wichtigsten Informationsquelle über wilde Bonobos. Diese Station wurde von Takayoshi Kano von der Universität Kyoto gegründet, der sich, nachdem er die Verteilung der kongolesischen Bonobopopulation fünf Monate lang untersucht hatte, für den Standort Wamba entschied. Da ein motorisiertes Vorwärtskommen in dieser Region praktisch unmöglich war, legte Kano riesige Strecken zu Fuß oder per Fahrrad zurück.

Diese und andere engagierte Freilandforscher haben unser Wissen über Bonobos enorm bereichert, weil sie Bedeutung und Reichtum des Sexualverhaltens dieser Menschenaffen bestätigten und deren soziale Organisation in den ökologischen Rahmen stellten, an den sie angepaßt ist: an den sumpfigen Regenwald, der das flache Bassin des Kongoflusses bedeckt.

Da wilde Bonobos außerordentlich scheu sind, dauert es lange, sie an menschliche Gegenwart zu gewöhnen. In Wamba wurde dieses Problem mit einer Technik gelöst, die häufig bei den Japan- oder Rotgesichtsmakaken im Heimatland der Forscher angewandt wurde: durch Anfüttern. Mit ein paar Hektar Zuckerrohr, die er in der Nähe ihres Streifgebietes anpflanzte, gelang es Kano, die Bonobos aus dem Wald zu locken. In Lomako ist niemals eine derartige Technik angewandt worden. Die dortige Station hat daher etwas Einzigartiges zu bieten: Hier lassen sich Wanderung und Nahrungssuche bei Bonobos in ihrer ursprünglichen Form, ungestört von menschlichen Eingriffen, beobachten.

Trotz der Einrichtung von Wamba, Lomako und einer Handvoll anderer Feldstationen hinkt die Freilandforschung an Bonobos derjenigen an Schimpansen in Umfang und Intensität noch immer weit hinterher. In den letzten Jahren hat das Interesse an Bonobos jedoch stark zugenommen, nicht zuletzt deshalb, weil Bonobos offenbar einen Gegenentwurf zum traditionellen Bild unserer Primatenverwandten als männerdominiert und gewalttätig bieten. Wie eine feministische Journalistin eines Naturmagazins mir gegenüber einmal sagte: „Bonobos sind unsere einzige Hoffnung!" Ein ideologisches Interesse an der Art mag den meisten Forschern nicht wünschenswert erscheinen, doch solange es zu wissenschaftlich fundierten, methodisch sauberen und gründlichen Untersuchungen führt, sehe ich darin nichts Schlimmes. Dank kontinuierlicher wissenschaftlicher Forschung werden sich gegenwärtig aktuelle Vorstellungen und Theorien entweder bestätigen, oder sie müssen revidiert werden; in jedem Fall werden wir besser verstehen lernen, warum Bonobos die Gesellschaftsform entwickelt haben, in der sie leben.

In der Zwischenzeit sind in Gefangenschaft lebende Bonobos für Verhaltensuntersuchungen attraktiver geworden: Kolonien in zoologischen Gärten beherbergen heute mehr Individuen, die unter natürlicheren Bedingungen leben als die Individuen oder die kleinen Gruppen in der Vergangenheit. Dazu kommt, daß die Menschenaffen heute länger leben als früher. Bonobos sind extrem anfällig für Atemwegserkrankungen: Sie überlebten früher in Gefangenschaft nur wenige Jahre. Dank besserer Pflege und Ernährung findet man heute in Zoos und Forschungsstationen Bonobos, die zwanzig, dreißig Jahre oder älter sind. Die Entwicklung in Richtung auf eine größere Überlebensrate und größere soziale Gruppen begann im Zoo von San Diego, wo ich meine Untersuchungen durchgeführt habe. Dieser Zoo startete Anfang der sechziger Jahre bescheiden mit einem einzigen Zuchtpaar Bonobos: Kakowet und Linda. Diese beiden waren so fruchtbar, daß sie die größte Zahl von Kindern und Enkeln produzierten, die weltweit von irgendeinem Bonobopaar bekannt ist, sei es gefangen, sei es freilebend. Teilweise lag die außerordentliche Fruchtbarkeit dieses Paares daran, daß alle Neugeborenen der Mutter fortgenommen und in der Zookinderstube aufgezogen wurden; dadurch konnte Linda die langen Stillzeiten überspringen und in ungewöhnlich kurzen Abständen gebären: zehn Kinder in vierzehn Jahren.

Nicht, daß so ein Verfahren wünschenswert wäre! Viele von Lindas Neugeborenen wurden in Johnny Carsons Late-Night-Show vorgestellt, und ich denke, etwas weniger Ruhm und etwas mehr Mutterliebe wäre besser für sie gewesen. Heutzutage tun Zoos – einschließlich desjenigen von San Diego – alles, was in ihrer Macht steht, um Mutter und Neugeborenes zusammenzuhalten.

Linda ist noch am Leben (sie ist jetzt schätzungsweise um die vierzig Jahre und lebt mit einer ihrer erwachsenen Töchter im Milwaukee County Zoo), aber Kakowet ist bereits vor Jahren gestorben. Geschichten über diesen Patriarchen der Zoobonobos gibt es in Hülle und Fülle. Laut einer solchen Story war Ernst Schwarz überglücklich, den jungen Kakowet (sein Name leitet sich von dem französischen Wort für Erdnuß, cacahuète, ab, weil er so unglaublich winzig war) auf den Arm zu nehmen.[8] Schwarz, der seine gesamte taxonomische Arbeit an Museumsskeletten und -häuten durchgeführt hatte, hatte noch niemals einen lebendigen Bonobo gesehen. Als der deutsche Taxonom dort stand, den Bonobo auf dem Arm, wurde er von einer Frau begrüßt, die sagte: „Ach, Sie sind der Mann, der dem putzigen kleinen Affen (im Original *monkey*) einen Namen gegeben hat!" Eine schockierende Begrüßung für jemanden, der mit dem Unterschied zwischen Menschenaffen (englisch *ape*) und ihren kleineren, geschwänzten Verwandten (englisch *monkey*) so vertraut war![9]

Nun, da gefangene Bonobos für diejenigen, die sich mit Sozialverhalten beschäftigen, interessanter geworden sind und die Freilandarbeit qualitativ wie quantitativ Fortschritte macht, können wir das Sozialleben dieser Menschenaffen besser beschreiben als jemals zuvor. Unser Wissen ist keineswegs vollständig, aber wir wissen genug, um den Bonobo aus dem dunklen Winkel hervorzuholen, in dem Primatenspezialisten seine Besonderheiten im kleinen Kreis diskutiert haben. Sein Verhalten wird wahrscheinlich eine Reihe liebgewordener Annahmen über den Verlauf der menschlichen Evolution über den Haufen werfen. Aber nicht nur das, die Art ist auch um ihrer selbst willen faszinierend: Sie verdient im öffentlichen Bewußtsein einen Platz an der Seite unserer besser bekannten Menschenaffenverwandten.

ALLES BLEIBT
IN DER FAMILIE

Bonobos – hier lehnt ein junger Mann am Stamm eines riesigen Baumes – sind die bisher am wenigsten erforschten und daher am wenigsten verstandenen Vertreter der vier Großen Menschenaffenarten. Das liegt zum Teil an der extremen Abgeschiedenheit ihres natürlichen Lebensraumes in Zentralafrika, teils aber auch an der politischen Instabilität in dieser Region. Zudem ging man lange davon aus, daß Bonobos in ihrem Verhalten Schimpansen ähneln, weshalb für Freilanduntersuchungen wenig Anreiz bestand. Inzwischen wissen wir jedoch, daß Bonobos über eine völlig andere soziale Organisation verfügen. Sie verdienen ihren Status als eigenständige Art, Pan paniscus, in jeder Beziehung und geraten immer mehr ins Blickfeld wissenschaftlicher Untersuchungen.

Der Orang-Utan (Pongo pygmaeus) *ist der am auffälligsten gefärbte Vertreter der Hominoidenfamilie (Familie der Menschenartigen). Er ist der einzige asiatische Große Menschenaffe und durchstreift die feuchtwarmen Regenwälder von Sumatra und Borneo. Die Art zeichnet sich durch einen starken Sexualdimorphismus aus: Männliche Orang-Utans sind fast doppelt so groß wie weibliche. Zudem entwickeln männliche Orang-Utans bindegewebige Backenwülste, die ihr Gesicht verbreitern (vergleichen Sie den erwachsenen Orangmann oben links mit der erwachsenen Frau oben rechts und auf der gegenüberliegenden Seite). Voll ausgewachsene männliche Orangs sind einander gegenüber außerordentlich intolerant: Sie stoßen ein charakteristisches Gebrüll aus, um Eindringlinge zu vertreiben und Geschlechtspartnerinnen anzulocken. Orangs führen ein einzelgängerisches Leben: Nur ausnahmsweise ziehen ein Orangmann und eine Orangfrau kurze Zeit gemeinsam umher; erwachsene Orangs leben in der Regel allein. Die Anatomie dieses Menschenaffen (lange Arme, Greifhände und -füße, kurze Beine) deutet auf eine lange Geschichte der Anpassung an das Baumleben hin.*

Der Gorilla (Gorilla gorilla) *ist der King Kong des Hollywoodmythos. Dieser Menschenaffe ist das unangefochtene Schwergewicht unter den Primaten; männliche Gorillas können bis zu 180 Kilogramm schwer werden. Wie bei Orang-Utans ist der Größenunterschied zwischen beiden Geschlechtern beträchtlich. Gorillas stehen zu Unrecht in dem Ruf, besonders wild zu sein. Nur in Extremfällen, zum Beispiel, wenn sie ihre Familiengruppe gegen Jäger verteidigen, greifen sie Menschen an. Sie sind in Wirklichkeit sanfte Riesen. Vorwiegend bodenlebend, ziehen sie in festen Gruppen von gewöhnlich weniger als zehn Individuen umher: ein voll erwachsener Gorillamann – ein sogenannter Silberrücken –, mehrere erwachsene Frauen und ihre noch nicht erwachsenen Kinder. Hat ein Silberrücken erst einmal einen Harem um sich geschart, so bleibt er in der Regel bis an sein Lebensende mit ihm zusammen. Ernsthafte Aggressionen brechen nur dann aus, wenn ein solcher Silberrückenanführer von einem anderen Gorillamann herausgefordert wird. Gelingt es dem Angreifer, die Gruppe zu übernehmen, tötet er manchmal einige Kinder. Beide Photos zeigen Flachlandgorillas: eine in Gefangenschaft lebende Gorillafrau* (o b e n) *und einen Silberrücken* (r e c h t s), *der im Kahuzi-Biega-Nationalpark (Republik Kongo) von der Sumpfvegetation ißt.*

Schimpansen (Pan troglodytes) *sind die bekanntesten Menschenaffen in zoologischen Gärten; sie spielen eine bedeutende Rolle in der Intelligenzforschung, und ihr Verhalten im Freiland ist weitgehend bekannt. Der Größenunterschied zwischen den Geschlechtern ist bei Schimpansen viel geringer als bei Gorillas oder Orangs; in dieser Hinsicht ähneln sie Bonobos (und Menschen). Zudem leben Bonobos wie auch Schimpansen in sogenannten* fission-fusion societies (fission = *Spaltung,* fusion = *Vereinigung) (siehe Seite 63). Aber in anderer Hinsicht gibt es wichtige Unterschiede: Schimpansenmänner sind dominanzorientierter und „politischer" als Bonobomänner, und Schimpansenfrauen verfügen über weniger sozialen Einfluß als Bonobofrauen. Der adoleszente Schimpansenmann oben muß noch mehrere Jahre älter werden, bevor er die Frauen seiner Art dominieren kann, aber im allgemeinen beherrschen erwachsene Männchen Frauen aller Altersstufen. Die Frau auf der gegenüberliegenden Seite trägt ein Kind mit einem hellen Gesicht, ein Merkmal, das Schimpansen von den anderen afrikanischen Menschenaffen unterscheidet; Bonobo- und Gorillakinder werden mit dunklem Gesicht geboren.*

ZWEI ARTEN VON SCHIMPANSEN

Das Neue wird stets dem Vertrauten gegenübergestellt: Diskussionen über Bonobos drehen sich hauptsächlich darum, wie sie im Vergleich zu Schimpansen abschneiden. Schimpansen in Gefangenschaft sind seit den zwanziger Jahren untersucht worden; aus dieser Zeit datieren die wegweisenden Arbeiten von Wolfgang Köhler, einem deutschen Psychologen, der ihre Fähigkeiten zum Werkzeuggebrauch untersuchte, und von Robert Yerkes, der sich mit ihrem Temperament und ihrer Intelligenz befaßte. Zudem laufen zusätzlich zu den allseits bekannten Langzeitbeobachtungen der britischen Primatologin Jane Goodall im Gombe-Nationalpark weitere Feldprojekte über Schimpansen, so daß wir, was das Verhalten dieser Art angeht, über ein solides Wissensfundament verfügen.

Das Verhalten von Bonobos mit dem zu vergleichen, was wir über Schimpansen wissen, wird jedoch durch neuere Beobachtungen kompliziert, die auf eine beträchtliche „kulturelle" Variation schließen lassen. Die Vorstellung, daß Schimpansen überall in grundsätzlich der gleichen Art und Weise agieren, ist inzwischen weitgehend aufgegeben worden, und die gleiche Variabilität, die wir bei Schimpansen finden, existiert zweifellos auch bei anderen Menschenaffen. Die Unterschiede, die hier diskutiert werden sollen, sind zudem im Vergleich zu den Ähnlichkeiten recht oberflächlich. Beide Menschenaffenspezies sind große Säuger, die an ein Baumleben angepaßt sind, beide verbringen den größten Teil ihrer Zeit damit, nach Früchten zu suchen, bei beiden existiert eine lang andau-

Ein erwachsener Bonobomann in der äquatorialen Abenddämmerung.

Australopithecus afarensis *lebte vor 3,5 Millionen Jahren. Dieser kleine Hominide besaß ein Gehirn von der Größe eines Schimpansen, ging aber bereits aufrecht, was darauf hindeutet, daß die Fortbewegung auf zwei Beinen der Gehirnvergrößerung in der menschlichen Evolution voranging. Wir wissen zu wenig über das Verhalten dieser Vorfahren, um sicher sein zu können, daß Männer und Frauen gemeinsam als Paar herumstreiften, wie es diese Rekonstruktion annimmt, aber Fußabdrücke, die man in Laetoli, Tansania, gefunden hat, zeigen einen wohlentwickelten bipeden Gang. (Lucy-Diorama, American Museum of Natural History, New York)*

erde Mutter-Kind-Beziehung, und beide kennen Rangordnungskämpfe unter Männern. Die beiden Menschenaffen sind, was Anatomie, Verhalten und Stammesgeschichte angeht, grundsätzlich ähnlich – sie werden zu Recht gemeinsam in ein und dieselbe Gattung gestellt.

Ich werde allerdings diesen gemeinsamen Hintergrund als selbstverständlich ansehen und die Unterschiede betonen. Wir tun oft das gleiche, wenn wir uns mit anderen Tieren vergleichen: Wir ignorieren die gemeinsamen Merkmale und konzentrieren uns auf die Unterschiede. Das ist eine häufig angewandte Taktik, um unsere besondere Stellung in der Natur zu charakterisieren; wir können die gleiche Strategie anwenden, um die Stellung des Bonobo zu definieren.

LIVING LINKS*

Bonobos und Schimpansen lassen sich nicht anhand ihrer Größe unterscheiden. Nach einer aktuellen Datenerhebung der amerikanischen Anthropologin Amy Parish über praktisch alle in Gefangenschaft lebenden Bonobos wiegen Bonobomänner durchschnittlich 43 Kilogramm und Bonobofrauen 37 Kilogramm. Das entspricht dem oder übersteigt das Durchschnittsgewicht der kleinsten Schimpansenunterart, liegt aber unter dem Gewicht der beiden anderen Unterarten.

Parish fand auch, daß der Sexualdimorphismus bei Bonobos anscheinend etwas geringer ist als bei Schimpansen. Das Gewicht weiblicher Schimpansen beträgt im Durchschnitt etwa 80 bis 84 Prozent desjenigen männlicher Tiere. Nur in der Gombe-Population mit ihren ungewöhnlich kleinen Schimpansen ist der Geschlechtsunterschied größer; hier bringen die Frauen 71 bis 75 Prozent des Männergewichts auf die Waage. Bei Bonobos und Menschen hingegen wiegen Frauen rund 85 Prozent dessen, was Männer wiegen. Aber selbst wenn Männer und Frauen hinsichtlich ihrer Größe relativ wenig variieren – besonders im Vergleich zu so dimorphen Hominoiden wie Gorilla und Orang-Utan, bei denen Frauen manchmal weniger als die Hälfte des durchschnittlichen Gewichts eines Mannes aufweisen –, ist ein Gewichtsunterschied von 15 Prozent noch immer recht bedeutend, wenn es zum Kampf kommt. Bonobomänner sind nicht nur schwerer, sondern auch muskulöser als die Bonobofrauen, und sie sind mit langen Eckzähnen ausgerüstet, die im weiblichen Geschlecht viel weniger stark entwickelt sind. Vom Bau der Geschlechter allein hätte sicherlich niemand auf eine gleichberechtigte Gesellschaft schließen können.

Trotz der Gewichtsüberschneidung zwischen Bonobos und Schimpansen wirken Bonobos zierlicher und eleganter. Selbst Schimpansen müßten zugeben, daß Bonobos einfach mehr Stil haben. Der Körper des Bonobo ist rank und schlank, der Kopf klein, der Hals dünn, und die Schultern sind schmal. Die Lippen heben sich rötlich von einem schwarzen Gesicht ab, die Ohren sind zierlich, und die Nasenöffnungen sind fast so groß wie die eines Gorillas. Bonobos haben auch fla-

---

* Wörtlich: „lebende Bindeglieder", Anspielung auf „missing link", „fehlendes Bindeglied". (Anm. d. Üb.)

chere, offenere Gesichter und eine höhere Stirn als Schimpansen, und als Krönung tragen sie alle die gleiche Frisur: lange, feine schwarze Haare, die in der Mitte sauber gescheitelt sind.

Der Hauptunterschied zwischen beiden Arten liegt in ihren Körperproportionen. Schimpansen haben einen großen Kopf, einen stämmigen Hals und breite Schultern, wohingegen der Oberkörper von Bonobos eher zierlich wirkt. Statt dessen besitzen Bonobos erstaunlich lange Beine. Wenn ein Schimpanse im Knöchelgang auf allen vieren geht, fällt sein Rücken von seinen kräftigen Schultern nach hinten ab, während der Rücken eines Bonobo wegen des hochliegenden Beckens relativ horizontal bleibt. Im Stehen oder beim aufrechten Gehen erscheint der Rücken des Bonobo besser gestrafft als der des Schimpansen, was dem Bonobo eine menschenähnliche Haltung verleiht. Die amerikanische Forscherin Adrienne Zihlman, die sich mit physischer Anthropologie beschäftigt, hat die These aufgestellt, daß von allen lebenden Menschenaffen der Bonobo der Gewichtsverteilung der prähistorischen „Affenmenschen" oder Australopithecinen am nächsten kommt. Bei einigen Menschenaffen, wie dem quadrupeden Orang-Utan, ist das Gewicht der oberen und unteren Extremitäten fast identisch. Hingegen haben Primaten wie wir, die stets auf zwei Beinen gehen, viel Gewicht in die unteren Extremitäten verlagert. Zwischen diesen Extremen nimmt der Bonobo eine Mittelstellung ein; er ist uns ähnlicher als einigen anderen Menschenaffen. Nach Zihlmans Ansicht könnte dies bedeuten, daß sich die menschliche Abstammungslinie aus einem gemeinsamen Vorfahren entwickelt hat, der dem langbeinigen Bonobo recht ähnlich sah.

Diese Vermutung sollte nicht mit der Behauptung verwechselt werden, wir seien mit Bonobos enger verwandt als mit Schimpansen, was ganz einfach unmöglich ist, wenn man bedenkt, daß es erst Millionen Jahre nach unserer Abspaltung zur Teilung zwischen den beiden *Pan*-Arten kam: Bonobos und Schimpansen stehen uns zeitlich beide gleich nah. Nein, was Zihlman meint, ist, daß der Bonobo das beste Modell für das sogenannte fehlende Bindeglied, das *missing link*, sein könnte. Diese Ansicht spiegelt Coolidges oft zitierte Schlußfolgerung wider, wonach der Bonobo „dem gemeinsamen Vorfahren von Schimpansen und Menschen möglicherweise stärker ähnelt, als es irgendein lebender Schimpanse tut".[1]

Mit anderen Worten, seit der Zeit – schätzungsweise vor sechs Millionen Jahren –, als unser geheimnisvoller gemeinsamer Vorfahr auf Erden wandelte, hat sich der Bauplan des Bonobo möglicherweise weniger verändert als der des Schimpansen. Unsere Spezies hat viele neue Merkmale entwickelt, so die Fortbewegung auf zwei Beinen, ein großes Gehirn und den Verlust der Körperbehaarung. Evolutionäre Veränderungen beim Schimpansen könnten durch die Notwendigkeit erzwungen worden sein, sich an halboffene, trockenere Habitate, wie Savannenwälder und Buschlandschaften, anzupassen. Bonobos hingegen haben wahrscheinlich niemals den Schutz des Regenwaldes verlassen; gegenwärtig beschränkt sich ihre Verbreitung ausschließlich auf feuchte äquatoriale Gebiete. Daher nimmt Takayoshi Kano an, daß der Bonobo kaum gezwungen war, sich zu verändern, und daher mehr evolutionsbiologisch alte Merkmale bewahrt hat als Menschen oder Schimpansen. Wenn das so wäre, dann würde der Bonobo dem Prototyp der drei modernen Arten am stärksten ähneln.

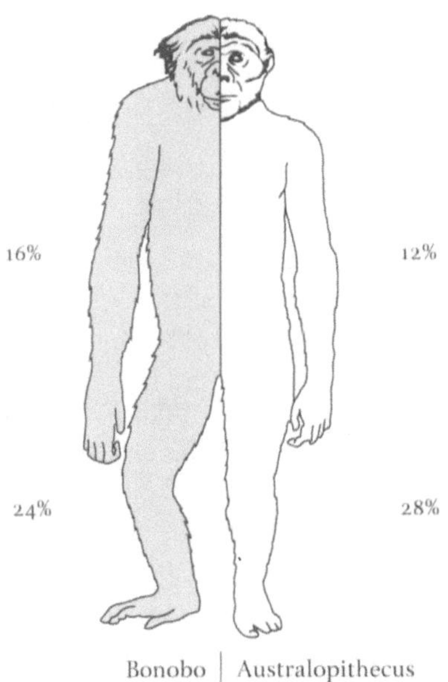

Adrienne Zihlman vermaß die Gliedmaßen des Australopithecus-Fossils „Lucy" und berechnete, daß die Beine mehr als doppelt so schwer wie die Arme gewesen sein müssen. Diese Gewichtsverteilung kommt derjenigen spezialisierter Zweibeiner, wie wir es sind, bereits recht nahe: Unsere Beine wiegen fast viermal soviel wie unsere Arme. Beim Vergleich von rezenten Menschenaffen mit Lucy fand Zihlman heraus, daß der Bonobo ihr in seinen Proportionen am ähnlichsten war. Die obige Abbildung illustriert ihren Standpunkt. Lucys Arme machen 12 Prozent, die Beine 28 Prozent ihres Körpergewichts aus, wohingegen die entsprechenden Werte bei Bonobos 16 bzw. 24 Prozent betragen. Könnte es sein, daß der gemeinsame Vorfahr von Menschen und Menschenaffen wie ein Bonobo gebaut und daher für eine Fortbewegung auf zwei Beinen präadaptiert war? (Die Zeichnung beruht auf einer Vorlage von Carla Simmons; mit freundlicher Genehmigung von Adrienne Zihlman)

Lange Zeit ist man davon ausgegangen, daß sich das kennzeichnende
Merkmal unserer Art – der aufrechte Gang – in der afrikanischen Steppe
entwickelt hat. Vielleicht nahmen unsere Vorfahren eine aufrechte Haltung
ein, um über das hohe Gras zu spähen, um ihre Hände zum Waffentragen
freizubekommen, um die der Sonneneinstrahlung ausgesetzte Körperober-
fläche zu reduzieren oder um die Effizienz ihrer Fortbewegung zu steigern.
Einige Wissenschaftler vertreten die Ansicht, daß der zweibeinige Gang in
der Savanne weniger Energie verbraucht als die Fortbewegung auf allen
vieren. Mehr und mehr fossile Befunde aus der Zeit kurz nach der Trennung zwischen unseren direkten Vorfahren und den Menschenaffen deuten
jedoch darauf hin, daß die frühesten Protohominiden zumindest teilweise
noch immer in Waldungen lebten. Der Übergang zur Fortbewegung auf
zwei Beinen (zur bipeden Lokomotion) geschah möglicherweise allmäh-li-
cher als früher angenommen. Unsere Vorfahren könnten ein langes Zwi-
schenstadium durchlaufen haben, währenddessen sie aufrecht gingen, aber
auch Bäume erkletterten.[2]

Zwei südafrikanische Anthropologen, Ronald Clarke und Phillip Tobias,
haben vor kurzem in Sterkfontein vier kleine Knochen gefunden. Sie bilde-
ten einen Teil des linken Fußes eines unserer Vorfahren, dessen Alter auf
mindestens drei Millionen Jahre geschätzt wird. Der Fuß weist eine ge-
wichttragende Ferse auf, die an eine aufrechte Fortbewegung angepaßt ist,
aber auch einen affenähnlichen Zeh, der noch immer greifen und daumen-
artig abgespreizt werden konnte. Dieses *Australopithecus-Fossil*, ein enger
Verwandter der berühmten „Lucy", wurde „Little Foot" getauft. Der Fund
führte zu hitzigen wissenschaftlichen Debatten: Die eine Seite weigerte
sich, sich unsere Vorväter von Baum zu Baum schwingend vorzustellen; die
andere Seite argumentierte, es sei unwahrscheinlich, daß ein zum Klettern
geeigneter Fuß nicht auch zum Klettern eingesetzt worden sei. Wenn Little
Foot, wie es Clarke und Tobias diplomatisch formulieren, seine/ihre Klet-
terfähigkeiten nicht opferte, so wahrscheinlich deshalb, weil er oder sie
ohne diese Fähigkeit nicht überleben konnte. Vielleicht mußte Little Foot
noch immer auf Bäume klettern, um Früchte zu sammeln oder um Raubtieren zu entgehen. Wie seine Menschenaffenvettern schlief er vielleicht auch
lieber in einem erhöht gelegenen Nest statt auf dem Boden.[3]

Die Kontroverse um dieses Fossil hat dazu geführt, daß Wissenschaftler
nochmals einen genaueren Blick auf den Bonobo geworfen haben, der
lange Beine hat und ausgezeichnet auf zwei Beinen geht, dem aber der spezielle Fußknöchel fehlt, der Little Foot, und nicht den Bonobo, zu einem
unserer direkten Vorfahren macht. Als der amerikanische Anatom Randall
Susman in Lomako die Fortbewegung von Bonobos dokumentierte, fand er
Parallelen zu der Lokomotion der frühen Hominiden. Auch bei den Menschenaffen hat der Übergang vom Baum- zum Bodenleben möglicherweise
in kleinen Schritten stattgefunden. Der gemeinsame Vorfahr der afrikanischen Menschenaffen tat einen Schritt in diese Richtung, als er den

Knöchelgang erfand, eine Fortbewegungsart auf dem Boden, die sich mit dem Erhalt langer Finger vereinbaren läßt, wie man sie fürs Klettern benötigt. Susman spekuliert weiter:

> Die frühesten Hominidenvorfahren begannen auch, sich an das Leben auf dem Boden anzupassen, und wie die afrikanischen Menschenaffen heute behielten auch sie eine Zeitlang die Fähigkeit bei, Bäume zu erklettern. Die Schlüsselfrage könnte sein, warum die frühen Hominiden eine bipede Fortbewegungsweise wählten, statt das Problem des Bodenlebens durch Knöchelgang (oder eine andere Fortbewegungsart) zu lösen. Hier gibt es große Meinungsverschiedenheiten, doch die meisten modernen Hypothesen gehen von der Notwendigkeit aus, die Hände zum Tragen freizubekommen. In diesem Zusammenhang ist es interessant, daß viele, die bipede Lokomotion bei freilebenden Schimpansen und Bonobos beobachten konnten, festgestellt haben, daß die Zweibeinigkeit eng mit dem Tragen von Futter oder von Objekten bei Imponiervorstellungen in Zusammenhang steht.[4]

Es ist möglich, daß sich nicht nur der aufrechte Gang, sondern auch andere Aspekte der Menschwerdung, wie Werkzeugherstellung und gemeinsames Jagen, im Wald entwickelt haben, bevor unsere Vorfahren begannen, diese Fähigkeiten in der Steppe einzusetzen. Hedwige und Christophe Boesch verteidigen diese These, die auf Beobachtungen an waldlebenden Schimpansen beruht.

Auf den ersten Blick schienen die Befunde bei Bonobos dem zu widersprechen: Sie leben im dichten Wald, doch Werkzeugherstellung und kooperatives Jagen sind bei ihnen noch nicht festgestellt worden. Untersuchungen dieser Menschenaffen könnten jedoch einen anderen strittigen Punkt beleuchten: Existierende Modelle der Entwicklung zum Menschen konzentrieren sich vorwiegend auf die Bindung und Kooperation zwischen Männern, wohingegen es keinen Zweifel daran geben kann, daß die weibliche Bindung in unserer Ahnenlinie eine ebenso große Rolle spielt. Das könnte durchaus ein weiteres Erbe unserer Vergangenheit als Waldbewohner sein, eines, das wir mit unseren grazilen Vettern teilen.

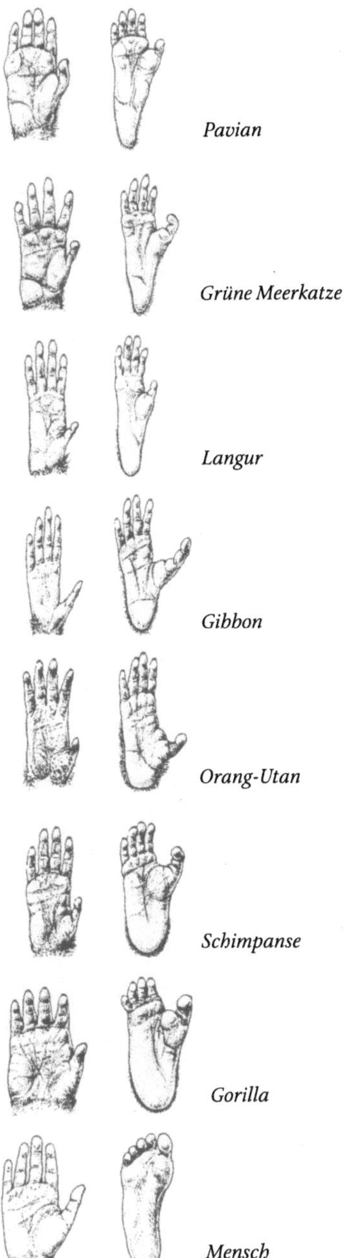

Das ist *eine* Denkrichtung; eine andere Schule vertritt hingegen die Ansicht, daß der Bonobo durchaus eine Reihe von Veränderungen durchgemacht hat. Diese Position wird durch einzigartige Merkmale des Bonobo hinsichtlich Chromosomen[5], Blutgruppen, Bezahnung, sexueller Anatomie und Fortpflanzungsphysiologie gestützt. Es ist spekuliert worden, daß sich Bonobos durch das „Hinüberretten" juveniler Merkmale ins Erwachsenenalter entwickelt haben, einen Vorgang, den man als *Neotenie* bezeichnet. So erinnerte der kleine Schädel des erwachsenen Bonobo Schwarz wie auch Coolidge an den eines jungen Schimpansen. Bonobos behalten auch ihren weißen Haarbüschel über dem Gesäß, den Schimpansen etwa dann verlieren, wenn sie entwöhnt werden. Die

Stimmen erwachsener Bonobos sind schrill wie diejenigen junger Schimpansen, und selbst die nach vorn orientierte Vulva wird als neotenes Merkmal angesehen, das auch in unserer Spezies vorhanden ist. Neotenie gilt als entscheidender Faktor für die menschliche Evolution; sie spiegelt sich in unserer Haarlosigkeit, unserem großen Gehirn und unserer allgemeinen Verspieltheit wider. Daher könnten sich Bonobos durch einen Prozeß von Schimpansen getrennt haben, der jenem ähnelt, auf dem unsere spektakuläre Evolution beruht. Wie dem auch sei – ob Bonobos nun die primitivere oder die stärker abgeleitete Form darstellen –, sie können uns eine interessante Geschichte über uns selbst erzählen.[6]

Eine zunehmend wichtigere Informationsquelle über die Vergangenheit ist die DNS-Sequenzierung. Vergleiche von Menschen- und Menschenaffen-DNS haben zu einer umfassenden Revision des Primatenstammbaums geführt, wobei die afrikanischen Menschenaffen viel näher an uns herangerückt sind, als man es früher für möglich gehalten hätte. Derartige DNS-Analysen werden inzwischen immer weiter verfeinert, und sie haben in neuerer Zeit Zweifel erweckt, ob es wirklich nur zwei Arten innerhalb der Gattung *Pan* gibt. Zwischen den drei Schimpansenunterarten, die als Echtschimpanse, Tschego und Schweinfurth-Schimpanse bekannt sind, existieren zahlreiche Variationen. Wenn man nach den DNS-Charakteristika urteilt, dann fällt der westafrikanische Echtschimpanse aus dem Artraster heraus: Es ist vorgeschlagen worden, diese Menschenaffen als eigenständige Art zu betrachten. Dieser Vorschlag wird jedoch noch kontrovers diskutiert, und für den Augenblick will ich annehmen, daß die Gattung nur zwei Arten enthält.[7]

LÄCHELN UND LUSTIGE GESICHTER

Wenn man eine neue Art untersucht, erstellt man als erstes ein sogenanntes Ethogramm, das heißt eine systematische Beschreibung ihrer Verhaltensmuster. Zwei erstklassige Ethogramme über Schimpansen stammen von Jan van Hooff, einem niederländischen Primatologen, und von Jane Goodall. Obwohl das erste Ethogramm zoolebende und das zweite freilebende Menschenaffen beschreibt, ist bemerkenswert, wie gut beide übereinstimmen. Offenbar variieren artspezifische Lautäußerungen, Gestik, Gesichtsausdruck und andere Formen der Kommunikation von einer Umgebung zur anderen nur wenig.

Diese beiden Ethogramme und eigene Kenntnisse über Schimpansen dienten mir als Ausgangspunkt für ein Projekt im Zoo von San Diego. Ziel des Projekts war es, das Verhalten von Bonobos im direkten Vergleich mit ihrer Geschwisterart zu beschreiben.[8] Zu diesem Zeitpunkt umfaßte die San-Diego-Kolonie zehn Bonobos, die ich beobachtete, während ich vor ihrem Gehege stand, wobei ich meine Beobachtungen auf einen Kassettenrecorder sprach. In Augenblicken hoher Aktivität, wie zur Fütterungszeit, oder wenn neue Gruppenmitglieder eingeführt wurden, benutzte ich eine Videokamera. Mein Hauptinteresse galt Signalen, die motivationale Zustände, wie Feindseligkeit, Kontaktbedürfnis, sexuelles Verlangen und so weiter, ausdrücken. Ich sammelte Informationen über so viele

Verhaltenssequenzen (5135, um genau zu sein), daß die Eingabe all dieser Informationen in den Computer viel länger dauerte als das eigentliche Sammeln.

Von den mehr als fünfzig Verhaltensmustern, die ich unterscheiden konnte, traten mehr als die Hälfte bei beiden Arten auf. Diese gemeinsamen Muster waren nicht unbedingt identisch, aber zumindest ähnlich und von gleicher Bedeutung. Beispielsweise strecken beide Arten ihrem Partner eine offene Hand entgegen, um Nahrung, Unterstützung oder Kontakt zu erbitten. Oder wenn sich eine Mutter von ihrem Kind entfernt, streckt es eine Hand aus und wimmert, woraufhin die Mutter zurückkehrt und das Zurückgelassene aufnimmt. Bei Bonobos – für die Hände und Füße weitgehend gleichwertig sind – kann die gleiche Bettelgeste auch mit einem ausgestreckten Fuß ausgeführt werden.[9] Zudem kommt bei Bonobos häufig ein sogenanntes Fingerwinken *(finger-flexing)* hinzu, bei dem die vier Finger der offenen Hand in rascher Folge gebeugt und gestreckt werden, was die Einladung dringlicher aussehen läßt.

Eines Tages wurden zwei erwachsene Männer nach längerer Trennung erneut zusammengebracht. Beide kreischten und bewegten sich volle sechs Minuten lang umeinander, ohne sich zu berühren. Wir befürchteten eine blutige Auseinandersetzung (was bei nicht miteinander vertrauten Männchen der meisten Tierarten die Regel ist), aber Kevin, der jüngere Mann, streckte die ganze Zeit seine Hand aus und winkte mit seinen Fingern, als lade er Vernon zum Näherkommen ein. Von Zeit zu Zeit schüttelte er auch ungeduldig seine Hände. Beide Männer hatten eine Erektion, die sie einander mit gespreizten Beinen präsentierten, genauso, wie ein Mann eine Frau zum Sex einlädt. Es war so, als wollten beide Männer Kontakt aufnehmen, seien sich aber nicht sicher, ob sie dem anderen trauen könnten. Als sie schließlich aufeinander zueilten, begannen sie nicht etwa zu kämpfen, sondern umarmten sich mit breitem Grinsen, wobei Vernon seine Genitalien gegen Kevins stieß. Daraufhin beruhigten sich beide sofort und begannen einträchtig, die Rosinen aufzulesen, die die Tierpfleger rundum verstreut hatten, wobei sie, statt zu kreischen, aufgeregte Futterrufe ausstießen.

Die Art und Weise, in der dieses kurze, aber intensive Zusammentreffen ablief, ist typisch für Bonobos: die Rolle des Genitalkontakts, der intensive Austausch von Signalen und das friedliche Ende. Aggressives Verhalten ist den Bonobos nicht fremd, weder in Gefangenschaft noch in freier Wildbahn, doch verglichen mit den aufwendigen Imponierveranstaltungen, für die Schimpansen berühmt sind, ist es im allgemeinen schwach ausgeprägt und zurückhaltend. Wenn ein männlicher Schimpanse seine Haare sträubt, einen kleinen Baum ausreißt und angreift, wobei er mit großer Kraft und Energie auf den Boden schlägt, erscheint er überlebensgroß. In dieser Stimmung riskiert jeder, der seinen Weg kreuzt, eine Tracht Prügel. Er kann diese Vorstellung minutenlang durchziehen; vielleicht sagen Länge und Intensität seines Imponiergehabes seinen Artgenossen etwas über seine Gesundheit und sein Durchhaltevermögen. Im Mahale-Mountains-Nationalpark in Tansania beobachtete Toshisada Nishida einen hochrangigen Schimpansenmann, der es sich zur Gewohnheit gemacht hatte, in der Nähe eines Flußbetts mit riesigen Steinblöcken zu impo-

nieren, die er mit übermenschlicher Kraft anhob und hangabwärts rollen ließ; das dabei entstehende donnernde Geräusch schien seine Rivalen stark zu beeindrucken.

Im Vergleich dazu wirkt das typische Imponiergehabe von Bonobomännern wie Kinderspiel. Der Mann greift nach einem Ast und zieht ihn beim Laufen eine kurze Strecke hinter sich her – kein Vergleich mit der nicht zu stoppenden Dampfwalze, an die sein robusterer Vetter erinnert. Auch zeigen Bonobos selten die komplexen Konfrontationen, die man von Schimpansen kennt, wobei ein Opponent Helfer gegen den anderen rekrutiert und den letzteren so zwingt, das gleiche zu tun, bis ganze Abteilungen einander auf dem Schlachtfeld gegenüberstehen. Schimpansen gehen von einem zum anderen, um ihre Freunde zu „überreden", auf ihrer Seite einzugreifen, halten dem einen dabei die offene Hand entgegen und umarmen einen anderen. Konfrontationen können daher eine halbe Stunde oder länger dauern, wobei es zu wechselnden Bündnissen und Bundesgenossen kommt, die einander anschreien und anbellen. Bonobos hingegen kämpfen hauptsächlich auf der Basis „einer gegen einen", ohne taktische Manöver, um Dritte hineinzuziehen.

Das heißt keineswegs, daß ein Bonobo, den man mit Schimpansen zusammensetzt, nicht verstehen würde, was zwischen ihnen vorgeht, oder daß Bonobos untereinander niemals Allianzen bilden würden. Sie sind durchaus zu derartigen Interaktionen fähig, engagieren sich jedoch nur selten in dem großen Maßstab in Konfrontationen, wie es für das politische System der Schimpansen typisch ist. Schimpansen vollführen auch komplizierte Rituale, in denen ein Individuum einem anderen seinen Rang mitteilt. Besonders dann, wenn sich zwei erwachsene Männer treffen, kommt es vor, daß einer buchstäblich im Staub kriecht, wobei er keuchende Grunzlaute ausstößt, während der andere breitbeinig vor ihm steht und andeutungsweise imponiert, um klarzumachen, wer der Ranghöhere ist. Alles in allem sind Kommunikationsmuster, die mit Aggression, Dominanz und Unterwerfung in Zusammenhang stehen, bei Schimpansen auffälliger und spektakulärer. Diese Art steckt offenbar auch viel mehr physische und psychische Energie in die Machtpolitik: Schimpansen sind die Machiavellis der Primatenwelt.

Dürfen wir in bezug auf andere Tiere als uns selbst überhaupt von „Politik" sprechen? Wenn wir der klassischen Politikdefinition des Sozialwissenschaftlers Harold Lasswell „Wer bekommt was, wann und wie?" folgen, dann gibt es keinen Grund, die Dominanzstrategien und Allianzen nichtmenschlicher Primaten nicht als Politik zu bezeichnen. Beispielsweise ist es bei Pavianen und Schimpansen nicht ungewöhnlich, daß sich zwei männliche Tiere verbünden, um ein drittes zu überwinden; solche Allianzen entscheiden über den sexuellen Zugang zu den weiblichen Gruppenmitgliedern, also darüber, wer was bekommt. Sobald Allianzen auftreten, ist ein höheres Niveau sozialen Bewußtseins erforderlich. Es wird höchst wichtig, nicht nur zu wissen, wer die eigenen Freunde und Feinde sind, sondern auch, wer die regelmäßigen Alliierten des eigenen Feindes sind, so daß man ihre An- oder Abwesenheit berücksichtigen kann. Um Erfolg zu haben, muß man eine große Zahl sozialer Faktoren im Auge behalten; daher stellten Pri-

matologen in den fünfziger und sechziger Jahren die These auf, daß das Lösen sozialer Probleme die ursprüngliche Funktion der höheren geistigen Fähigkeiten von Primaten (einschließlich des Menschen) ist.

Wenn sich Schimpansen tatsächlich mit derart raffinierten Machtstrategien beschäftigen, stellen sie vielleicht das beste Beispiel für eine von sozialen Erfordernissen angetriebene Gehirnentwicklung dar. Bedeutet das nun, daß der Bonobo, der ein weniger politisches Tier ist, weniger intelligent ist? Einiges spricht dafür, daß Bonobos die Frage „Wer bekommt was, wann und wie?" mit anderen, etwas subtileren Mitteln lösen. Schimpansen versuchen, Einfluß und Status zu gewinnen, wohingegen Bonobos offenbar weniger machthungrig sind. Schließlich gibt es viele Möglichkeiten, das zu bekommen, was man will, und in der Bonobogesellschaft hat sich der Akzent offenbar in Richtung auf eine friedliche Beilegung von Interessenskonflikten verlagert.

Das bringt mich zu dem Gebiet, auf dem die Bonobos sich auszeichnen. Sex und Macht sind zwei Seiten einer Medaille, und wenn Schimpansen Meister des Machtpokers sind, so sind Bonobos die unbestrittenen Champions in Sachen Sex. Schimpansen lösen sexuelle Fragen durch Macht, Bonobos lösen Machtfragen durch Sex. Es ist wichtig, das sexuelle Verhalten von Bonobos im Detail zu untersuchen, so wichtig, daß ich dieser Frage das ganze Kapitel 4 widme. Hier sei nur gesagt, daß die Schimpansen in sexuellen Angelegenheiten diejenigen sind, die einem fast lächerlich einfachen Schema folgen.

All dies spiegelte sich in meinem Ethogramm wider, das natürlich dort am abwechslungsreichsten war, wo eine Art die meisten Variationen zeigte. Bonobos kennen mehr Möglichkeiten, um einander zu sexuellem Kontakt einzuladen, mehr Möglichkeiten, Sex auszuüben, und sie verfügen im Zusammenhang mit Geschlechtsverkehr über ein größeres mimisches und akustisches Repertoire als Schimpansen. Das Geschlechtsleben der Schimpansen ist ziemlich einfach und langweilig; Bonobos hingegen benehmen sich, als ob sie das *Kamasutra* studiert hätten.

Der bei weitem auffälligste Kontrast im Ethogramm betrifft jedoch die akustische Kommunikation. Wie bereits Tratz und Heck feststellten, sind die Stimmen der beiden Arten so verschieden, daß man sie leicht auseinanderhalten kann. Die Stimme des Bonobo ist nicht nur heller, auch die Rufe sind oft anders. Beispielsweise ist der Distanzruf *(long distance call)* der Schimpansen ein langsam anschwellendes Heulen, wohingegen Bonobos ein ziemlich nervöses, aufgeregtes Bellen von sich geben. Aus der Entfernung hört es sich an wie das Kläffen eines kleinen Hundes – oder eher vieler kleiner Hunde, da Bonobos diese Rufe stark synchronisieren und Chöre erzeugen, bei denen die Individuen einander echoen.

Eine noch bemerkenswertere Koordination erreichen die Tiere bei aggressiven Konfrontationen. Jeder Opponent äußert sich dann abwechselnd mit dem anderen, wobei die Rufe so schnell hin- und herwechseln wie der Ball bei Tischtennisprofis. Offenbar tauschen beide dabei Informationen über Gefühle und Absichten aus. Die Rufe sind recht variabel: Einige mögen Drohungen sein, andere verraten vielleicht Furcht und wieder andere den Wunsch nach Versöhnung. Beim Treffen von Kevin und Vernon zelebrierten die beiden Männer diese Art Schnelldialog auf intensive Art und Weise. Eine spektrographische Analyse zeigte, daß sich die Qualität ihrer Rufe im Verlauf des Zusammentreffens veränderte, ihr Verhältnis zueinander aber gleich blieb (ein „Streitduett", das man als *vocal matching* bezeichnet), als ob die beiden Männer allmählich auf eine Lösung ihrer mißlichen Lage hinarbeiteten. Ihre Rufe überlappten fast nie – das heißt, die beiden Männer antworteten einander, ohne sich gegenseitig zu unterbrechen. Aufgrund dieser Beobachtungen und ähnlich verlaufender Quickduelle, wie sie von Claudia Jordan beschrieben worden sind, halte ich es für möglich, daß Bonobos das, was Schimpansen durch visuelles Zurschaustellen von Stärke und Entschlossenheit demonstrieren, durch einen „sprachähnlicheren" Austausch von Informationen über innere Zustände vermitteln. Es ist nicht so, als ob sie die Streitfrage diskutierten, doch ihre akustischen Wettkämpfe weisen eine gewisse dialektische, koordinierte Qualität auf, die bei Schimpansen fehlt.

Die Mimik beider Arten ist hingegen bemerkenswert ähnlich. Vorgeschobenen Lippen drücken den Wunsch nach Kontakt oder Enttäuschung über ein frustrierendes Ereignis aus. Beispielsweise wurde Kalind, ein heranwachsender Mann in der Kolonie von San Diego, von der Favoritin des dominanten Mannes oft fortgejagt. Nach einer solchen Attacke saß Kalind gewöhnlich da und starrte mit vorgestülpten Lippen in die Ferne. Wenn er derart schmollte, streichelte er oft mit raschen Daumenbewegungen seine Brustwarzen, vielleicht ein Akt der Selbstberuhigung.

Beim Spielen wird der Mund bei entspanntem Gesicht geöffnet, und wenn Partner einander kitzeln, hört man ein rauhes, gutturales Keuchen. Dieses „Lachen" ist der einzige Laut, der bei beiden Arten wirklich nicht zu unterscheiden ist. In aggressiver Stimmung werden die Lippen fest zusammengepreßt; das Gesicht ist angespannt, die Augenbrauen sind gerunzelt, und der Blick ist stechend. Wenn sich der Menschenaffe hingegen fürchtet, werden die Lippen zurückgezogen, so daß die Zähne in einem breiten Grinsen entblößt sind. Das ist verwirrend für Menschen, weil wir ein Lächeln oder Grinsen gewöhnlich mit Heiterkeit und Zuneigung in Verbindung bringen. Interessanterweise fehlt diese Bedeutung nicht völlig, denn Bonobos grinsen auch, wenn sie ein neues Spielzeug entdecken oder bei der Paarung beziehungsweise Selbstbefriedigung den Höhepunkt erreichen. Einmal beobachtete ich, wie Louise, eine erwachsene Frau, breit grinste, während sie sich in einem Nest, das sie sich aus frischen Blättern und Zweigen gebaut hatte, Pirouetten drehte. In all diesen Fällen vermittelten die Affen den Eindruck, sie seien gut gelaunt und zufrieden. Ein derartiges „Freudengrinsen" sollte man von dem häufigeren ängstlichen oder nervösen Blecken der Zähne unterscheiden. Das mag wie ein völlig widersprüchlicher Gebrauch des gleichen Gesichtsausdrucks erscheinen, jedoch nicht, wenn man annimmt, daß angsterregende Situationen, wie das plötzliche Sich-Nähern eines potentiell feindlich gesinnten, dominanten Artgenossen, oft nach Beschwichtigung verlangen. Es ist diese besänftigende, freundliche Qualität des Ausdrucks, die allmählich an Bedeutung gewonnen hat – sehr auffällig im Lächeln unserer Art (wenngleich das nervöse Grinsen keinesfalls verschwunden ist) und in geringerem Maß auch bei Bonobos.[10]

Schließlich sollte ich noch erzählen, wie ich mich selbst beim Erstellen meines Ethogramms in einer Situation wiederfand, die in der Rückschau recht amüsant ist. Jedesmal, wenn ich über eine Gruppe juveniler Bonobos in einer geräumigen grünen Anlage arbeitete, wurde meine Liste mimischer Ausdrücke länger und länger. Ich mußte die seltsamsten Grimassen beschreiben, und es waren niemals genau die gleichen wie zuvor. Unmöglich zu erraten, was sie bedeuteten! Nach einer Weile dämmerte mir dann, daß diese Grimassen stets in nichtsozialen Situationen auftraten. Weder gingen ihnen bestimmte Handlungen (wie Sex oder Aggression) voraus, die bei ihrer Interpretation hätten helfen können, noch folgten sie auf derartige Handlungen. Ein junger Bonobo starrte beispielsweise ins Leere, um dann plötzlich eine Pantomime mit eingezogenen Backen, vorgewölbter Oberlippe und raschen Kieferbewegungen aufzuführen. Manchmal waren auch die Hände beteiligt, zogen zum Beispiel eine Lippe seitwärts oder faßten am Hinterkopf vorbei, um einen Finger von der „falschen" Seite in den Mund zu stecken.

Ich kam zu dem Schluß, daß diese Gesichter keinerlei kommunikative Funktion hatten und die Bonobos sich lediglich mit phantasievollen Grimassen selbst amüsierten. Daß sie diese lustigen Gesichter *(funny faces)* schnitten, ist per se interessant, denn es zeigt, daß sie ihre Gesichtsmuskulatur willkürlich kontrollieren können. Könnte ein Tier, das zum Spaß Gesichter schneidet, nicht das gleiche tun, um andere zu manipulieren? Was sich auch immer daraus schließen läßt, diese jungen Menschenaffen führten mir jedenfalls die Beschränktheit wissenschaftlicher Klassifizierungswut eindringlich vor Augen. Machten sie sich über mich lustig? Als ich schließlich begriffen hatte, worum es bei ihrer Gesichtsakrobatik ging, konnte ich das Gefühl nicht unterdrücken, daß sie mir gelegentlich zuzwinkerten!

BONOBOSCHLÄUE

Eine alte Kakowet-Story aus dem Zoo von San Diego läßt auf hohe Intelligenz schließen. Der zwei Meter tiefe Wassergraben vor der Bonoboanlage war zur Reinigung trockengelegt worden. Nachdem die Tierpfleger den Graben geschrubbt und die Tiere wieder freigelassen hatten, gingen sie in die Küche, um das Ventil zu öffnen und den Graben wieder mit Wasser zu füllen, als Kakowet ganz plötzlich laut zu schreien begann und heftig mit den Armen gestikulierte. Die Tierpfleger erzählten später, es sei fast so gewesen, als könne er sprechen. Wie sich herausstellte, waren mehrere junge Bonobos in den trockenen Graben geklettert, konnten aber nicht wieder heraus. Die Tierpfleger ließen ihnen eine Kette als Leiter hinunter, und mit menschlicher Hilfe konnten alle Bonobos herausklettern, bis auf den kleinsten, der von Kakowet selbst heraufgezogen werden mußte.

Diese Anekdote deckt sich mit meiner Grabenstory, die sich in derselben Anlage zehn Jahre später abspielte. Zu diesem Zeitpunkt hatte der Zoo klugerweise entschieden, daß Wasser im Graben unnötig sei (Menschenaffen können nicht

schwimmen). Eine Kette hing ständig in den Graben hinab, und die Bonobos
kletterten hinunter, wann immer sie Lust dazu hatten. Doch wenn der dominante Mann, Vernon, im Graben verschwand, zog Kalind manchmal schnell die
Kette hoch. Er guckte dann mit offenem Mund und Spielgesicht zu Vernon herunter, während er mit der Hand gegen die Seite des Grabens schlug. Bei mehreren Gelegenheiten stürmte dann die einzige andere Erwachsene, Loretta, herbei,
um ihren Gefährten zu retten, indem sie die Kette hinunterließ und Wache
stand, bis Vernon wieder herausgeklettert war.

Beide Anekdoten verraten uns, daß Bonobos augenscheinlich fähig sind, sich
in die Lage eines anderen zu versetzen. Kakowet verstand offenbar, daß es keine
gute Idee gewesen wäre, den Graben zu füllen, solange sich die jungen Bonobos
noch dort unten befanden, obgleich er selbst keineswegs in Gefahr war. Kalind
und Loretta wußten offenbar beide, was die Kette für jemanden bedeutete, der
sich unten im Graben befand, und handelten entsprechend: der eine durch
Necken, die andere, indem sie der abhängigen Partei half. Die Fähigkeit, sich in
die Lage eines anderen zu versetzen, ist in der kognitiven Psychologie ein heiß-
diskutiertes Thema; es ist eine höhere geistige Fähigkeit, die nach Ansicht einiger Fachleute allein unserer Art zukommt.

Diese geistige Fähigkeit hat die Macht, soziale Beziehungen zu revolutionie-
ren. Andere als wahrnehmende, fühlende und denkende Wesen anzusehen und
in der Lage zu sein, sich an ihre Stelle zu versetzen, ermöglicht es, mit ihnen zu
sympathisieren, zu wissen, welcher Art Hilfe sie bedürfen und – sie zu täuschen.
Absichtliche Täuschung erfordert, sich bewußt zu sein, was andere wissen oder
auch nicht wissen. Ein amüsantes Beispiel dafür lieferte die Zookinderstube, wo
man sich um junge Bonobos kümmerte. Eine Tierpflegerin forderte die kleine
Laura auf, ihren Teller zu leeren. Laura gehorchte sofort – aber erst, als es Zeit
zum Windelwechseln wurde, stellte sich heraus, wohin das Essen so schnell verschwunden war. Laura mußte einen Augenblick abgepaßt haben, als ihr die Pflegerin den Rücken zukehrte, um es dann rasch in ihre Windel zu stopfen.[11]

Claudia Jordan liefert ein weiteres Beispiel (und ähnliche lassen sich täglich
in einer Bonobogruppe beobachten). Ein junger Bonobomann streckte die Hand
nach einem Apfel aus, der vom Futterhaufen seiner Mutter gerollt war. Doch
mitten in der Bewegung hielt er inne und schien sich bewußt zu werden, daß ihn
das Ergreifen der Frucht in Schwierigkeiten bringen würde. Statt dessen näherte
er sich mit übertriebenem Spielgesicht seiner jüngeren Schwester. Sie saß neben
ihrer Mutter in der Nähe des Apfels, hatte ihn aber nicht bemerkt. Während der
junge Bonobo mit seiner Schwester einen Ringkampf ausfocht, näherte er sich
dem Apfel mehr und mehr. Schließlich, mit einer raschen Handbewegung, er-
griff er den Apfel. Sein Interesse am Spiel verschwand, und er zog sich in einen
stillen Winkel zurück, um seinen Preis in Ruhe zu genießen.

Wir kommen immer mehr zu der Ansicht, daß Perspektiven-Einnehmen und
Täuschung Teil des „Gesamtpakets" kognitiver Fähigkeiten sind, über die Menschenaffen und Menschen verfügen, die anderen Tieren aber möglicherweise
fehlen. Ganz entscheidend untermauert wurde diese neue Sichtweise – die uns
nicht vom gesamten übrigen Tierreich trennt, sondern eine etwas breitere „gei-

stige Elite" schafft – durch Spiegelversuche: Danach sind Menschenaffen neben
uns die einzigen Tiere, die auf einen Spiegel reagieren, als sähen sie sich selbst
und nicht einen fremden Artgenossen. Hinweise auf Selbsterkenntnis liefert ein
eleganter Versuch des amerikanischen Experimentalpsychologen Gordon Gallup, bei dem ein Menschenaffe mit einem farbigen (in Narkose angebrachten)
Fleck im Gesicht vor einen Spiegel gesetzt wird. Gewöhnlich stellt der Affe die
richtige Verbindung her: Er untersucht und berührt den Fleck in seinem Gesicht,
indem er sich an seinem Spiegelbild orientiert. Ein weiterer Hinweis ist die Ge-
schwindigkeit, mit der Menschenaffen, die zum erstenmal mit einem Spiegel
konfrontiert werden, das Interesse an ihrem Spiegelbild als sozialem Partner verlieren. Sehr bald hören sie auf, ihrem Spiegelbild zu drohen oder zu versuchen,
mit ihm sozialen Kontakt aufzunehmen; statt dessen wenden sie sich Aktivitäten
zu, die bei anderen Tieren selten zu beobachten sind oder völlig fehlen: Sie in-
spizieren Teile ihres Körpers, die sie normalerweise nicht sehen können, kräu-
seln ihre Nase und schmücken sich mit Gemüse oder Stroh, das sie sich auf den
Kopf legen, um sich anschließend im Spiegel zu bewundern.

Bonobos sind niemals dem offiziellen Test mit dem Farbfleck unterzogen
worden, aber es gibt kaum Zweifel daran, daß sie ihn bestehen würden. Im Yerkes Regional Primate Research Center (Yerkes-Primatenforschungszentrum) wie
auch im Zoo von Antwerpen wurden die Reaktionen von Bonobos auf Spiegel
mit der Videokamera aufgenommen. Eine sorgfältige Analyse ergab, daß sie wie
die anderen Menschenaffen reagierten: Häufig kam es zu auf sich selbst bezoge-
nen Verhaltensweisen mit Hilfe des Spiegels – während sie in den Spiegel schau-
ten, betasteten sie ihre Augen, bohrten in der Nase oder inspizierten ihre Mund-
höhle. Wenn Bonobos tatsächlich zu den zur Selbsterkenntnis fähigen Tieren
gehören, so ist das ein wichtiger Punkt, denn abgesehen von Orang-Utans,
Schimpansen, Gorillas und Menschen sind alle anderen bisher untersuchten Arten an diesem kritischen Test gescheitert. Nach Ansicht einiger Wissenschaftler
heißt das, daß der gemeinsame Vorfahr von Menschenaffen und Menschen einen Grad von Selbstbewußtsein entwickelt hat, der im Tierreich keinen Vorläu-
fer hatte.[12]

Wie steht es mit einem weiteren Standardprüfstein für Primatenintelligenz,
dem Werkzeuggebrauch? Wolfgang Köhler beschrieb das sogenannte „Aha-Er-
lebnis" von Schimpansen, die, nachdem sie lange auf ein bestimmtes Problem
gestarrt hatten, ganz plötzlich aktiv wurden, als ob ihnen gerade das sprichwört-
liche Licht aufgegangen wäre. Beispielsweise konfrontierte man einen Affen mit
einer von der Decke herabhängenden Banane, mehreren Kisten und einem langen Stock. Die Lösung war, die Kisten zu einem Turm aufzustapeln und dann
hinaufzuklettern, um die Belohnung mit dem Stock herunterzuschlagen. Da die
Schimpansen diese Aufgabe offenbar planvoll und vorausschauend lösten, stellten Köhlers Experimente die erste ernsthafte Herausforderung für die Sichtweise
der amerikanischen Behavioristen dar, die behaupteten, eine Problemlösung be-
ruhe stets auf Versuch und Irrtum.

Schimpansen bewältigen derartige Aufgaben so souverän, daß kaum jemand
überrascht war, als sich herausstellte, daß sie auch in freier Wildbahn Werkzeuge

benutzen. Jane Goodall beschrieb Termitenangeln (wobei ein kleiner Stock in einen Termitenhügel eingeführt wird, um die sich daran festbeißenden Insekten zu ernten) und das Benutzen von Blättern als Schwamm (wobei Wasser mit durchgekauten Blättern aus einem Baumloch gesaugt wird). Da die Herstellung von Werkzeugen als wichtigstes Einzelmerkmal galt, das uns vom übrigen Tierreich trennt, war es besonders bedeutsam, daß Goodall beobachtete, wie ihre Schimpansen aus Blättern Schwämme herstellten und Zweige bearbeiteten, indem sie die Seitentriebe abstreiften, bevor sie sie zum Angeln gebrauchten. Heute kennen wir noch weit mehr Formen von Werkzeuggebrauch im Freiland, wobei das Nüsseknacken wohl das spektakulärste Beispiel ist: Harte Nüsse werden auf einen Amboßstein gelegt und mit einem Schlagstein zertrümmert.

Wenn Schimpansen also das Steinzeitalter erreicht haben, wie sieht es bei den Bonobos aus? Jordan sah zoolebende Bonobos Wasser mit den Hälften einer roten Paprikaschote aufnehmen, einen Stock benutzen, um Objekte außer Reichweite heranzuangeln, oder mit Hilfe eines Stabes über einen Graben setzen, ihr Gesäß mit Holzwolle abreiben, Fremde zielgerichtet bewerfen oder einen Tennisball befeuchten, um ihn anschließend auszusaugen usw. Ein weiteres erstaunliches Beispiel lieferte Kanzi, ein sprachtrainierter Bonobo, der sich einem Problem gegenübersah, das sich nur mit einem scharfen Werkzeug, wie einem Messer oder einem scharfkantigen Stein, lösen ließ. Kanzi erhielt kein Messer, sondern Abschläge, die ein geschickter Archäologe, Nick Toth, mit einem Schlagstein von einem Feuerstein abgeschlagen hatte. Toth interessierte sich für die geistigen Fähigkeiten, die es den frühen Menschen ermöglicht hatten, Steinwerkzeuge wie die Oldowanwerkzeuge herzustellen, die schätzungsweise 2,5 Millionen Jahre alt sind.

Kanzi erkannte rasch die Nützlichkeit scharfer Abschläge: Er benutzte sie, um ein Seil durchzuschneiden und so an den Inhalt einer mit Leckereien gefüllten Kiste zu gelangen. Er wurde wählerisch, prüfte die Abschläge mit seinen Lippen, bevor er sie zur Kiste mitnahm, und ließ stumpfe Klingen liegen. Nach einer Weile versuchte er, selbst Abschläge herzustellen, indem er zwei Steine zusammenschlug. Nach Aussagen von Sue Savage-Rumbaugh, die Kanzi aufzog und dieses Experiment beschrieb, war diese Methode, Abschläge herzustellen, nicht sehr erfolgreich. Eines Tages erfand er eine bessere Technik, die den Archäologen zur Verzweiflung brachte, denn sie entsprach ganz und gar nicht der Art und Weise, wie Abschläge hergestellt werden sollten: Kanzi schmetterte einen Stein mit voller Wucht auf eine harte Oberfläche, so daß er in tausend Stücke zersprang und einen ganzen Schauer von Splittern produzierte. Als die Experimentatoren den Boden mit weichem Material abdeckten, um diese Technik zu vereiteln, zog Kanzi einfach den Teppich zurück. Er entwickelte schließlich eine Technik zur Herstellung von Abschlägen, indem er Steine gegeneinander schlug, und wenn das Ergebnis nach Oldowanstandards auch primitiv war, so konnte er das anstehende Problem mit seinen Werkzeugen doch lösen.

Sue Savage-Rumbaugh (SSR) und ihr Mann, Duane Rumbaugh, leiten das Language Research Center (Sprachforschungszentrum) der Georgia State University in Atlanta. Sie arbeiten mit einer Reihe verschiedener Primaten, aber ihr unangefochtener linguistischer Star ist Kanzi, ein fünfzehnjähriger Bonobo. In dem folgenden Interview, das im Februar 1996 stattfand, geht es vorwiegend um das Temperament und das Sozialverhalten der Menschenaffen, mit denen sie arbeitet.

FdW: Würdest du sagen, daß du Sprache untersuchst oder Intelligenz, oder ist das kein Unterschied?

SSR: Es ist schon ein Unterschied, denn wir haben Menschenaffen, die im menschlichen Sinn über keinerlei linguistische Fähigkeiten verfügen, aber bei kognitiven Aufgaben, wie dem Lösen eines Labyrinthproblems, recht gut abschneiden. Sprachliche Fähigkeiten können jedoch helfen, kognitive Fähigkeiten herauszuarbeiten und zu verfeinern, weil man einem sprachtrainierten Menschenaffen etwas mitteilen kann, das er nicht weiß. Das kann eine kognitive Aufgabe auf eine ganz andere Ebene heben.

Wir haben beispielsweise ein Computerspiel, bei dem Menschenaffen drei Puzzleteile zusammenfügen sollen, um verschiedene Portraits herzustellen. Wenn sie das gelernt haben, werden ihnen auf dem Schirm vier Teile präsentiert, wobei das vierte Teil von einem anderen Portrait stammt. Als wir Kanzi das erste Mal diese Aufgabe stellten, nahm er das Teil, das von einem Häschengesicht stammte, und setzte es mit einem Teil meines Gesichts zusammen. Er versuchte es wieder und wieder, aber es klappte natürlich nicht. Da er gesprochene Sprache so gut versteht, konnte ich ihm sagen: „Kanzi, wir setzen nicht das Häschen, sondern Sues Gesicht zusammen." Kaum hatte ich das gesagt, hörte er auf, das Häschen zusammenzusetzen und hielt sich an die Stücke von meinem Gesicht. Die Information zeigte sofort Wirkung.

FdW: Da du sowohl mit Schimpansen als auch mit Bonobos gearbeitet hast, könntest du etwas über artspezifische Unterschiede im Temperament sagen?

SSR: Bonobos sind viel stärker gruppenorientiert; sie möchten zusammensitzen und ihre Aktivitäten aufeinander abstimmen. Wenn die Bonobos zusammen sind und wir sie trennen wollen, müssen wir dies immer *(sie lacht)* ... diskutieren. Das gilt jedoch nicht für Schimpansen: Sie sind voneinander unabhängiger.

Ich glaube nicht, daß Schimpansen unbedingt weniger interessiert aneinander sind. Wenn sich Schimpansen der Situation eines anderen bewußt sind, dann können sie ebenso schützend und anteilnehmend sein wie Bonobos, aber Bonobos prüfen die Situation ihres Gegenübers häufiger. Und das gilt nicht nur, wenn du Schmerzen hast oder in Schwierigkeiten bist; es gilt auch für Situationen, in denen sie dich täuschen möchten. Sie können planen, dir einen Streich zu spielen. Sie haben eine viel feinere Antenne dafür, was du denkst und was dich dazu gebracht hat, so zu denken. Der soziale Bereich bildet das absolute Zentrum ihres Lebens.

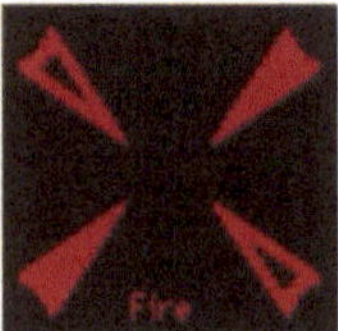

Sue Savage-Rumbaugh mit Panbanisha, einer adoleszenten Bonobofrau in dem bewaldeten Freilandfor-
schungslaboratorium rund um das Language Research Center in Atlanta. Die Forscherin hält ein Ver-
zeichnis mit Symbolen oder Lexigrammen hoch, die
das sogenannte „Yerkish" bilden. Jedes Lexigramm
steht für einen einzelnen Begriff, darunter Verben,
Substantive und Adjektive. Panbanisha teilt ihr mit,
was sie tun, essen oder womit sie spielen möchte, indem sie auf die entsprechenden Lexigramme deutet,
und die Forscherin stellt ihr auf die gleiche Art Fragen.

FdW: Welche Art Streiche spielen sie dir?

SSR: Sie schicken dich mit einem Auftrag weg. Sie fordern dich auf, woan-
ders hinzuschauen oder ihnen einen Saft zu holen. Aber es geht nur darum,
daß sie gesehen haben, du hast eine Tür offengelassen oder etwas liegenge-
lassen, das sie gerne haben wollen. Sie tun dann so, als hätten sie nichts bemerkt, aber sobald du ihnen den Rücken kehrst, machen sie genau das, was
sie nicht dürfen. Das ist etwas, worauf wir ständig achten müssen.

*FdW: Du hast Panbanisha [einen Bonobo] zusammen mit Panzee [einem Schim-
pansen] aufgezogen. Wie lassen sie sich vergleichen?*

SSR: Wie die Bonobos lernte Panzee Symbole allein dadurch, daß sie

Menschen beobachtete. Sie brauchte im Vergleich zu Panbanisha sechs Monate länger, um die Symbole zu lernen, lernte weniger und benutzte sie eingeschränkter. Im Moment ist es schwierig, beide zu vergleichen [beide Affen waren damals 8,5 Jahre alt], weil wir mit Panzee nicht weiterarbeiten konnten. Daher geht Panbanishas Symbolkommunikation heute weit über Panzees hinaus. Wer weiß, vielleicht hätte Panzee sie sonst eingeholt.

Ich sollte hinzufügen, daß Panzee bei Aufgaben, in denen es um Puzlekonstruktionen, Werkzeuggebrauch, Labyrinthe und so weiter ging, Panbanisha immer voraus war. Außerhalb der Domäne der sozialen Kommunikation, wenn zum Beispiel Objektmanipulationen oder räumliche Orientierung eine Rolle spielten, war die Schimpansin der Bonobofrau jedesmal überlegen. Wenn es hingegen um kommunikative und wahrnehmungsorientierte Fähigkeiten ging, wie Fernsehbilder mit der entsprechenden Geschichte zu verbinden, lag der Bonobo stets vorne. Die beiden Arten verfügen möglicherweise über unterschiedliche kognitive Stärken.

FdW: Kommen Panbanisha und Panzee noch immer gut miteinander aus?
SSR: Wir halten Panzee nun mit den anderen Schimpansen zusammen, aber ich nehme Panbanisha oft auf einen Besuch zu ihr mit. Panzee ist deutlich größer und stärker, und sie dominiert Panbanisha, doch Panbanisha akzeptiert das. Sie spielen zusammen und haben viel Spaß.

Die einzigen ernsthaften Probleme traten zwischen Panzee und Kanzi auf. Als Panzee älter wurde, begann sie, Dinge nach Kanzi zu werfen, und versuchte, ihn herauszufordern und zu ärgern. Weibliche Bonobos benehmen sich gegenüber männlichen Bonobos nicht so; wenn es ein Problem gibt, drehen sie sich nur um und präsentieren ihnen ihr Hinterteil. Panzee reagierte gar nicht in dieser Weise auf Kanzi. Darum regt er sich immer auf und schreit, und nach einem längeren Hin und Her beginnen beide dann tatsächlich zu kämpfen. Gewöhnlich beißt sie ihn; ich glaube nicht, daß er sie jemals gebissen hat.

Sobald ich Panzee mit den Schimpansenmännern zusammenbrachte, lernte sie rasch, so etwas bei ihnen besser nicht zu versuchen. Hier vor Kanzi stolziert sie die ganze Zeit mit gesträubten Haaren herum und zieht eine Show ab, fast wie ein Mann, doch auf die Männer der eigenen Art reagiert sie völlig anders. Sie ist eine sehr nette *troglodytes*-Frau; sie fügt sich richtig ein.

FdW: Kanzi sieht doch größer und stärker aus als Panzee, und er hat scharfe Eckzähne. Würdest du sagen, daß er Hemmungen hatte?
SSR: Oh ja, selbst bei Panbanisha. Für einen männlichen Bonobo gehört es sich einfach nicht, eine Frau zu beißen. Er ist Panbanisha zweifellos körperlich überlegen, aber bei den seltenen Gelegenheiten, wenn die beiden kämpfen, trägt Kanzi stets mehr Blessuren davon.

Ich möchte hinzufügen, zu sagen, daß weibliche Bonobos die Männer dominieren, wie es einige Leute ausdrücken, ist vielleicht nicht die richtige Art der Darstellung. Es stimmt, daß weibliche Bonobos Vorrang beim Essen beanspruchen können – ich habe das mit eigenen Augen in Wamba gesehen –, aber sie verjagen die Männer nicht. Es ist fast so, als ob man sich über die „Tischordnung" geeinigt hätte. Ich sehe die Beziehung zwischen den Geschlechtern eher in Form von Rollen. Jedes Individuum hat eine eigene Rolle in der Gesellschaft, und Männer und Frauen spielen einfach verschiedene Rollen.

FdW: Kennst du gute Beispiele für Einfühlungsvermögen unter Bonobos?
SSR: Nachts geben wir allen Bonobos Decken, so daß sie sich ein Nest bauen können, und gewöhnlich tun sie dies gemeinsam. Aber unlängst habe ich jeden Tag mit Panbanisha gearbeitet. Unser Personal versorgt die anderen, gibt ihnen zu essen und schließt sie ein. Ich kümmere mich dann später um Panbanisha.

Ich gebe ihr vielleicht Dinge wie Rosinen oder eine Extraportion Milch, die die anderen nicht bekommen. Einige von ihnen haben einen eingeschränkten Speiseplan. Panbanisha zeigt dann vielleicht auf der Tastatur, was sie am liebsten haben möchte. Wenn ich ihr das Gewünschte bringe, sehen mich die anderen vorbeigehen und rufen. Sie wollen natürlich das gleiche haben. Panbanisha ist sich darüber offenbar im klaren. Daher bittet sie beispielsweise um Saft, und wenn ich damit ankomme, weist sie einfach auf die anderen. Und ich frage: „Möchtest du, daß ich das Kanzi oder Tamuli gebe?" Sie schwenkt dann einen Arm in deren Richtung und ruft nach Kanzi oder Tamuli, die ihr antworten. Sie setzen sich dann neben Panbanishas Käfig und warten auf ihre Extraration.

Ich habe den Eindruck, Panbanisha möchte, daß ich den anderen die gleichen Leckerbissen bringe, die sie bekommt.

Es besteht keine augenfällige Verbindung zwischen Form und Farbe der Lexigramme, die von Kanzi und Panbanisha erlernt werden, und dem, was sie für die Menschenaffen darstellen.

Aber auch wenn Bonobos in Gefangenschaft beträchtliches Geschick beim Werkzeuggebrauch zeigen, beispielsweise beim Herausziehen von Honig mit Stöckchen aus künstlichen Termitenhügeln – in ihrem natürlichen Lebensraum hat man sie bisher noch nie nach Insekten angeln, Wasser mit Schwämmen aufsaugen oder Nüsse mit Steinen knacken sehen. Wenn wir das Hinterherziehen junger Bäume bei Imponierveranstaltungen oder das Zusammenbiegen von Zweigen zu einem Nest nicht mitrechnen, dann benutzen wilde Bonobos anscheinend einfach überhaupt keine Werkzeuge! Diesen verwirrenden Befund kann man auf zwei Weisen deuten. Eine Möglichkeit ist, daß die Neigung zum Werkzeuggebrauch bei Bonobos gering entwickelt ist: Die kognitive Basis ist da, aber diese Affen zeigen wenig Lust, sie zu nutzen. Die zweite Möglichkeit ist, daß die untersuchten Bonobopopulationen alles, was sie benötigen, bekommen können, ohne Werkzeuge zu benutzen: Es besteht einfach keine Notwendigkeit dazu. Wenn das der Fall ist, müssen wir Populationen finden, die nur mit Hilfe von Werkzeugen an hochwertige Nahrungsquellen gelangen können. Käme es dann immer noch nicht zum Werkzeuggebrauch, so würde dies die erste Hypothese stützen.

Das Fehlen von Werkzeuggebrauch bei wildlebenden Bonobos läßt sich vielleicht am besten richtig einschätzen, wenn man eine aufregende Entdeckung bei Orang-Utans berücksichtigt. Diese roten, langhaarigen asiatischen Menschenaffen gelten in Zookreisen weithin als die besten Werkzeugbenutzer unter den nichtmenschlichen Primaten und als erstklassige Ausbruchsspezialisten. Orang-Utans sind beim Werkzeuggebrauch langsamer, aber zielstrebiger als Schimpansen, und wenn Vertreter aller vier Menschenaffenarten vor die gleiche Werkzeugaufgabe gestellt würden, würde ich ohne Zögern auf den Orang-Utan setzen. Lange Zeit ging man jedoch davon aus, daß wilde Orang-Utans sehr selten Werkzeuge benutzen. Man wußte, daß sie sich mit einem Stock am Gesäß kratzen und bei einem heftigen Regenguß Blätter über den Kopf halten, doch es gab nichts, was sich mit der raffinierten Werkzeugtechnik wilder Schimpansen hätte vergleichen lassen. Bis Freilandprimatologen vor kurzem in einem Torfmoor auf Sumatra auf Orang-Utans trafen, die die ganze Bandbreite und Geschicklichkeit im Werkzeuggebrauch demonstrierten, zu der diese intelligenten Menschenaffen bekanntermaßen fähig sind.[13]

Orang-Utans werden seit langem untersucht – länger als Bonobos –, daher wäre es wohl ratsam, sich mit einem Urteil über die Leistungen wilder Bonobos beim Werkzeuggebrauch zurückzuhalten, bis wir eine größere Zahl von Populationen kennen. Die Variabilität ist in dieser Hinsicht so groß, daß wir heute in der Primatologie zunehmend von *Kultur* sprechen, denn wie in einer menschlichen Kultur werden Gebräuche und Neuerungen einer Gruppe offenbar auf nichtgenetischem Weg an die nächste Generation weitergegeben. Beispielsweise knacken alle Schimpansen der einen Gruppe Nüsse mit Steinen auf, und man kann bei allen jungen Schimpansen beobachten, wie sie diese Fähigkeit erlernen, wohingegen in der anderen Gruppe – die ebenfalls Zugang zu Nußbäumen und Steinen hat – offenbar niemand realisiert, daß man Nüsse essen kann. Flexible Verhaltensmerkmale, die via Lernen weitergegeben werden, kann man als Traditionen ansehen; ein Gefüge gruppenspezifischer Traditionen kann man als Kultur bezeichnen.[14]

Hinsichtlich kultureller Variationen wissen wir nur wenig über Bonobos. Nur eine einzige Tradition ist gut dokumentiert, aber sie betrifft gefangene Bonobos. In der San-Diego-Kolonie ist es nicht ungewöhnlich, daß sich ein Individuum einem anderen nähert und mit der Hand seine Brust schlägt oder vor dem Gesicht des anderen ein paar Mal in die Hände klatscht, bevor es dazu übergeht, sein Gegenüber zu groomen. Manchmal klatscht der Partner ebenfalls, aber es ist überwiegend das aktive Individuum, das beim konzentrierten Groomen in die Hände oder Füße klatscht. Seit meinen anfänglichen Beobachtungen hat eine Weitergabe dieses Verhaltensmusters stattgefunden: Heute sieht man die gleiche Gestik auch bei mehreren Individuen, die später in die Gruppe kamen. Dieses In-die-Hände-Klatschen, das Begeisterung für den Grooming-Kontakt auszudrücken scheint, ist bei anderen Bonobos niemals beobachtet worden: San

Diego ist der einzige Ort auf der ganzen Welt, an dem man Bonobos tatsächlich groomen *hören* kann!

KANZI

Wir sind eine „lateralisierte" Art: Die beiden Hälften unseres Gehirns sind auf recht verschiedene Funktionen spezialisiert. Genauso, wie wir ganz überwiegend rechtshändig sind, wenn wir Werkzeuge gebrauchen, stützen wir uns beim Sprachverständnis und bei der Spracherzeugung stark auf die linke Hemisphäre. Diese beiden Tendenzen stehen miteinander in Verbindung: Die rechte Hand wird von der linken Hemisphäre des Gehirns kontrolliert. Ursprünglich nahm man an, es gebe nur bei unserer Art eine Verbindung zwischen Sprache, Werkzeuggebrauch und Gehirnasymmetrie, doch inzwischen häufen sich die Hinweise auf Lateralisation bei Menschenaffen; das deutet darauf hin, daß diese Verknüpfung entstanden ist, lange bevor sich die sprachlichen Fähigkeiten voll entwickelt hatten.

Menschenaffen bevorzugen bei einigen Aufgaben den linken Arm (eine Mutter hält ihr Kind überwiegend mit dem linken Arm), wohingegen der rechte Arm anderen Aufgaben dient (die Fortbewegung wird häufig mit der rechten Hand eingeleitet). Als William Hopkins, ein amerikanischer Experte für Gehirnlateralisation, und ich Daten von Bonobos im Yerkes-Primatenforschungszentrum und im Zoo von San Diego verglichen, machten wir die aufregende Entdeckung, daß sich die Händigkeit auf die Gestik erstreckte. Bonobos winken, betteln, schütteln ihr Gelenk oder drohen überwiegend mit der rechten Hand. Das ist der erste Hinweis bei einem unserer nächsten Verwandten, daß eine nichtsprachliche kommunikative Fähigkeit mit der linken Seite des Gehirns assoziiert sein könnte. Diese Ähnlichkeit hinsichtlich der Gehirnspezialisierung weist auf eine gemeinsame Stammesgeschichte von Gestik und Sprache hin.[15]

Liegt Sprache selbst im Möglichkeitsbereich der Bonobos? Einige Leser haben vielleicht schon von Washoe (einem Schimpansen), Koko (einem Gorilla), Chantek (einem Orang-Utan) oder Kanzi (einem Bonobo) gehört, die entweder in einer Gebärdensprache, American Sign Language (ASL), kommunizieren oder auf visuelle Symbole zeigen, um Nahrung zu verlangen. Die Meinungen über die Komplexität dieser Aufgabe gehen auseinander. Am konservativen Ende des Spektrums finden wir diejenigen, nach deren Ansicht gebärdensprechende Menschenaffen etwa so interessant wie Einrad fahrende Bären sind. Oft werden Vergleiche zum „Klugen Hans" gezogen, einem Pferd im 19. Jahrhundert, das angeblich zählen konnte. Hans verlor seine rechnerischen Fähigkeiten jedoch, sobald er fernab von Menschen getestet wurde, die ihm unabsichtlich Hinweise auf das richtige Ergebnis lieferten. Einfach gesagt, die Skeptiker glauben, daß die Menschenaffensprache nichts als Wunschdenken ist.

Am anderen Ende des Spektrums stehen Wissenschaftler, die fest davon überzeugt sind, daß symbolbenutzende Menschenaffen an der Schwelle zur menschlichen Sprache stehen und es selbst in dieser bislang für exklusiv menschlich gehaltenen Fähigkeit einen kontinuierlichen Übergang zwischen ihnen und uns gibt. Die Frage ist nicht, ob diese Tiere über Sprache verfügen oder nicht; diese Formulierung stellt Sprache zu sehr als Alles-oder-Nichts-Phänomen dar. An Sprache sind eine Reihe von Fähigkeiten beteiligt; niemand erwartet von Menschenaffen, sie alle zu zeigen. Die Frage ist vielmehr, ob sie einige der grundsätzlichen Voraussetzungen für Sprache besitzen. Wenn ein Menschenaffe signalisiert „draußen spielen" oder „kitzle mich", stützt er sich dann auf Gehirnstrukturen und geistige Fähigkeiten äquivalent denjenigen, die wir benutzen, wenn wir eine Aufforderung formulieren? Darüber sind sich die Gelehrten noch nicht einig.

Ich muß gestehen, daß ich der Sprachforschung bei Menschenaffen mit gemischten Gefühlen gegenüberstehe. Einerseits sehe ich sie als durch und durch anthropozentrisches Unterfangen an. Ein Kommunikationssystem, für das die Evolution uns (und vielleicht uns allein: Unser Gehirn ist dreimal so groß wie ein durchschnittliches Menschenaffengehirn) mit einer spezifischen Hardware ausgestattet hat, wird einem anderen Geschöpf aufgezwungen, um zu sehen, wie weit es damit kommt. Es hat etwas inhärent Unfaires, diese Affen nach unseren Maßstäben zu beurteilen. Können wir nicht mehr über sie lernen, wenn wir ihr Kommunikationssystem erforschen, ihre Gestik oder ihre Lautäußerungen? Andererseits sind die Menschenaffen, die bei diesen Untersuchungen mitwirken, so gut auf Menschen eingespielt, arbeiten so bereitwillig mit ihnen zusammen und sind so an die Art und Weise gewöhnt, in der wir uns auf unsere Umgebung beziehen, daß man Fragen angehen kann, die mit Menschenaffen, die uns als Fremde mit fremdartigen Gewohnheiten ansehen, unmöglich zu beantworten wären. In dieser Hinsicht eröffnet diese Art Forschung ein wichtiges Fenster zum Verstand von Menschenaffen. Sie ermöglicht es uns, ihnen zu erklären, was wir wollen, und sie zu fragen, wie sie Dinge wahrnehmen. Kanzis Abschlagherstellung ist ein Beispiel für ein Experiment, das mit einem untrainierten Menschenaffen vermutlich nicht funktioniert hätte.[16]

Kanzis Fähigkeiten gehen über den Erfolg bei dieser relativ einfachen Werkzeugaufgabe jedoch weit hinaus. Schon als Kleinkind eignete er sich ein beachtliches Vokabular an Tastatursymbolen an – ohne irgendeine Belohnung. Er lernte einfach dadurch, daß er seiner Adoptivmutter Matata, die im selben Zeitraum kaum Fortschritte machte, bei den Trainingssitzungen zuschaute. Nach Angaben von Sue Savage-Rumbaugh sucht Kanzi aus einer Gruppe von Symbolen zwei oder drei heraus und kombiniert sie zu rudimentären Sätzen, wobei ihre Anordnung eine gewisse Regelmäßigkeit zeigt. Das könnte man als grammatikähnliche Struktur interpretieren, ein Anspruch, den Linguisten, für die Grammatik das entscheidende Element für Sprache ist, heftig zurückweisen.

Noch eindrucksvoller als seine Äußerungen mittels Symbolen ist Kanzis Verständnis für gesprochenes Englisch. Viele Tiere sind in der Lage, zu erraten, was wir meinen, wenn wir mit ihnen sprechen. Sie achten dabei wahrscheinlich auf unseren Tonfall beim Sprechen, unsere Blickrichtung und den gesamten Kontext, in dem die Interaktion stattfindet. Kanzi hingegen hört über Kopfhörer eine Reihe von Worten, die eine Person in einem anderen Raum spricht, so daß unab-

Kanzi, der berühmteste Bonobo der Welt, ist der Öffentlichkeit in zahlreichen Artikeln und Fernsehdokumentationen vorgestellt worden. Die postulierte Lücke zwischen Menschen und Menschenaffen hinsichtlich Intelligenz und Bewußtsein erscheint jedem, der dieses anthropoide Genie näher kennenlernt, ziemlich schmal.

sichtliche Hinweise vermieden werden. Ohne Zögern wählt er aus einem Stapel Bilder das entsprechende Bild: Er hört „melon" und sucht das Melonenbild heraus; er hört „cat" und greift nach dem Katzenbild. Seine Fähigkeit zu verstehen geht sogar noch weiter: Auf der Basis dessen, was er hört, kann er verschiedene Objekte verbinden. Wenn Savage-Rumbaugh ihn beispielsweise auffordert: „Gib dem Hund eine Spritze", greift er unter vielen Objekten eine Spritze heraus, zieht die Plastikkappe ab und verabreicht seinem Spielzeughund eine Injektion.

Savage-Rumbaugh teilt nicht die Ansicht einiger Linguisten, daß Sprachverständnis im Vergleich zu einer echten Sprachproduktion nur ein Kinderspiel ist. „Nach meiner Sichtweise ist Verstehen aber gerade das Wesentliche an der Sprache, das viel schwerer zu erklären und zu erreichen ist als die Sprachproduktion", sagt sie. „Verstehen erfordert einen aktiven geistigen Prozeß des Zuhörens, bei dem man aus kurzen Lautgruppen zu entnehmen versucht, was ein anderer meint und beabsichtigt – und beides wird immer nur unvollständig mitgeteilt. Dagegen ist Sprachproduktion einfach. (...) Wir müssen nicht herausfinden, ,was wir eigentlich meinen', sondern wir müssen es nur sagen."[17]

Welche Rückschlüsse auch immer man im Hinblick auf Sprache zieht, es ist unmöglich, von Kanzis offensichtlicher Intelligenz nicht gefesselt zu werden. Ihn zu beobachten wirft für mich neue Fragen über Bonobos auf. Wozu setzen diese Menschenaffen normalerweise – im Wald, in der sozialen Gruppe, im Hinblick auf Werkzeuge – ihre hohe Intelligenz ein? Ich frage mich nach der natürlichen

Funktion. Es erinnert ein wenig an Little Foots berühmten Zeh: Wenn er da ist, dann sollte man annehmen, daß er einem Zweck dient. Kanzis wilde Artgenossen tragen keine Kopfhörer, aber sie hören einander vielleicht sorgfältiger und intensiver zu, als wir es uns vorstellen können. Es könnte durchaus sein, daß sie Verbindungen zwischen Elementen oder Ereignissen in ihrem Lebensraum herstellen, deren sich bisher niemand unter uns bewußt ist.

DER AUFRECHT
GEHENDE MEN
SCHENAFFE

Die halb aufrechte Haltung dieses alten Man
(rund vierzig Jahre alt) zeigt, daß es bei einer
fahren mit einer bonoboähnlichen Statur nu
ger evolutionärer Veränderungen bedurft hä
eine zweibeinige Fortbewegungsweise zu ent
Einige Wissenschaftler halten den Bonobo für
beste Modell des gemeinsamen Vorfahren vor
schen und Menschenaffen, doch andere betra
ihn als eine relativ spezialisierte Form.

Zwei typische Fortbewegungsmuster des Bonobo sind
Klettern (l i n k s, ein Mann) und Knöchelgang (o b e n,
eine Mutter mit ihrem Kind). Beim Knöchelgang lastet
das Gewicht auf Schwielen an den Mittelphalangen,
wobei die Finger nach innen gekrümmt sind. Eine derartige terrestrische Fortbewegung wirkt dem Evolutions-
druck entgegen, die Finger zu verkürzen: Lange Finger
sind in den Bäumen von Vorteil. Nur die afrikanischen
Menschenaffen haben den Knöchelgang entwickelt; Tieraffen bewegen sich auf den Handflächen fort.

*Bonobos können sich ausgezeichnet zweibei-
nig fortbewegen. Wie in einigen Theorien
über die Ursprünge des aufrechten menschlichen Ganges postuliert, gehen sie oft auf zwei
Beinen, wenn sie Nahrung tragen; hier trägt
eine gefangene Bonobofrau Ingwerblätter
(l i n k e   S e i t e) und ein freilebender Mann
Zuckerrohr, das Forscher ausgelegt haben.*

Zwei Tiere zeigen ihre eleganten Beine. Die Beine eines Bonobo sind im Vergleich zu denjenigen anderer Menschenaffen bemerkenswert lang. Beachten Sie auch die nach vorn orientierten Genitalien der Frau (o b e n) und die großen Hoden des Mannes (r e c h t s).

KAPITEL 3

IM HERZEN AFRIKAS

Da die Mercatorprojektion die Dimensionen der nördlichen Hemisphäre stark übertreibt, sieht die Republik Kongo auf unseren Karten wie ein Land mittlerer Größe aus. Aber der Kongo ist riesig: etwa so groß wie die Vereinigten Staaten östlich des Mississippi oder wie ganz Westeuropa ohne die skandinavischen Länder. Das Land hat jedoch nur rund vierzig Millionen Einwohner, von denen vierzig Prozent in städtischen Regionen leben. Fast achtzig Prozent des Kongo sind bewaldet. Früher als Belgisch-Kongo bekannt, entspricht der größte Teil des Landes noch immer dem Bild, das von seinem Kolonialnamen hervorgerufen wird: das schwarze, ungezähmte Herz Afrikas.

Das Kongobecken im Nordkongo ist Teil des zweitgrößten zusammenhängenden Regenwaldgebiets der Welt. Alles, was man von einem Flugzeug aus sieht, ist das undurchdringliche Blätterdach der Baumkronen, welches das flache Becken des mächtigen Kongoflusses bedeckt, ohne Pfade oder Lichtungen. Dieser Wald ist die Heimat der Bonobos; er wird in seiner Ausdehnung nur noch vom Amazonasurwald übertroffen. Man könnte meinen, daß die riesigen Ausmaße dieses natürlichen Habitats und seine Unzugänglichkeit das Überleben der Menschenaffen garantieren. Bonoboexperten wünschen von ganzem Herzen, daß es so sein wird – und klammern sich an die Hoffnung, daß es in noch unerforschten Regionen weitere Populationen gibt –, aber die Aussichten sind düster. Die Freilandforschung an dieser Art, die natürlich mit Schutzbemühungen einhergeht, ficht offenbar einen Wettlauf gegen die Zeit aus. Dabei könnte sich das

Die vielen kleinen Flüsse, die das Heimatgebiet der Bonobos in der Republik Kongo durchziehen, sind das Haupthindernis für ihre Ausbreitung, da Menschenaffen nicht schwimmen können.

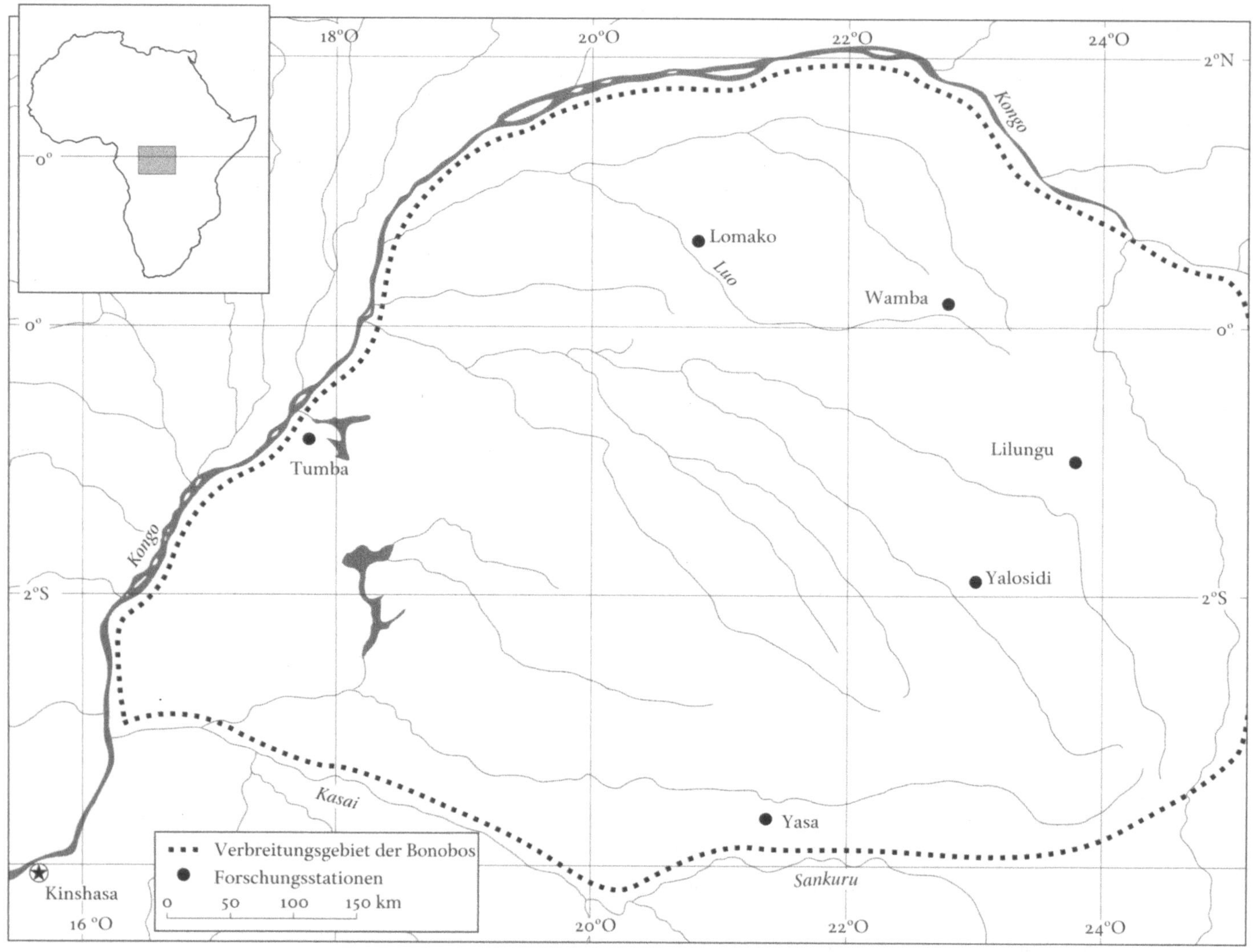

In den zwanziger Jahren ging man in weiten Kreisen noch immer davon aus, daß südlich des Kongo keine Menschenaffen lebten. 1927 erhielt das Tervuren-Museum in Belgien jedoch einen Menschenaffenschädel aus einem Ort nicht weit südlich von Lomako – das Exemplar, das zwei Jahre später zur Entdeckung des Bonobo führen sollte. Diese Karte des Nordkongo zeigt die Lage von sechs Stationen, an denen momentan Bonoboforschung betrieben wird, wobei Yasa am weitesten südlich liegt.

starke aktuelle wissenschaftliche Interesse als Rettungsanker für die Bonobos erweisen: Es gibt kaum eine wirksamere Methode, eine tropische Art zu schützen, als die Anwesenheit von Forschern in ihrem Lebensraum.

Die erste Dekade nach der Unabhängigkeit des Kongo von Belgien 1960 war von blutigen Auseinandersetzungen zwischen Hunderten von Stämmen gekennzeichnet. Aus diesem Grund mieden ausländische Wissenschaftler das Land bis weit in die siebziger Jahre hinein. Während das erwachende Interesse an der Menschenaffenforschung dazu führte, daß in Tansania, Borneo und Ruanda Langzeituntersuchungen an Schimpansen, Orang-Utans und Gorillas begonnen wurden, blieb die einzige Region, in der Bonobos leben, außen vor. Nur wenige Wissenschaftler realisierten damals, daß der Bonobo nicht nur eine weitere Unterart des Schimpansen, sondern eine eigenständige Art ist, die die gleiche Aufmerksamkeit verdient wie die anderen Menschenaffen. Die Tatsache, daß es nur wenige Bonobos in Gefangenschaft gibt, war auch nicht gerade förderlich: Die meisten Wissenschaftler hatten noch nie einen lebenden Bonobo gesehen.

In freier Wildbahn ist es aus ganz anderem Grund schwierig, Bonobos zu finden: Sie fürchten sich vor Menschen. Das erste Feldprojekt, das der amerikanische Anthropologe Arthur Horn 1972 startete, ist heute bereits fast völlig in Vergessenheit geraten: Über einen Zeitraum von zwei Jahren betrug seine „Ausbeute" an Bonobobeobachtungen nicht mehr als sechs Stunden. Wie bereits erwähnt, initiierten die Badrians und Takayoshi Kano 1974 unabhängig voneinander weitere Freilandbeobachtungen. Ihnen gelang es, nahe an die Affen heranzukommen, und an beiden Forschungsstätten wird heute noch gearbeitet. Wamba, wo sich Kano niederließ, liegt direkt am Äquator (0 Grad 10 Minuten nördlicher Länge, 22 Grad 34 Minuten östlicher Breite), wohingegen Lomako, wohin die Badrians gingen, nordwestlich von Wamba liegt (0 Grad 51 Minuten nördlicher Länge, 21 Grad 5 Minuten östlicher Breite). Beide Stationen liegen im nördlichen Teil des Bonoboverbreitungsgebiets, das vermutlich im Norden und Westen vom Kongofluß, im Osten vom Lomamifluß und im Süden von den Flüssen Kasai und Sankuru begrenzt wird. Das potentielle Verbreitungsgebiet umfaßt mehr als 800 000 Quadratkilometer. Laut Kano ist das Gebiet, in dem man tatsächlich auf Bonobos treffen kann, wahrscheinlich jedoch kaum größer als 200 000 Quadratkilometer, das heißt etwa so groß wie Großbritannien.

Die folgende Beschreibung wildlebender Bonobos beruht auf Informationen von Forschern, die regelmäßig – teilweise unter schwierigen und manchmal sogar gefährlichen Umständen – Expeditionen nach Zentralafrika unternommen haben. Ich selbst bin kein Feldforscher. Ohne die mühsam gewonnenen Befunde aus Wamba, Lomako und anderen Stationen ließe sich kein umfassendes Bild der Naturgeschichte des Bonobo entwerfen. Es ist zu hoffen, daß diese Menschenaffen in so großer Zahl überleben, daß diese wichtigen Forschungsarbeiten fortgesetzt werden können.

FdW: Dr. Kano, können Sie Ihre allererste Begegnung mit Bonobos beschreiben?
KANO: Im Jahr 1974 traf ich zehn Individuen im Wald von Yalosidi. Ich war beeindruckt, wie stark sich ihre Rufe von Schimpansenrufen unterschieden: Sie hatten so helle Stimmen! Ich hatte auch den Eindruck, daß sie mehr Zeit auf den Bäumen verbringen als Schimpansen. Jedesmal, wenn ich in Tansania auf Schimpansen gestoßen bin, ließen sie sich sofort vom Baum fallen und flohen über den Boden. Die Bonobos flüchteten jedoch mehr als hundert Meter weit durch die Baumkronen, bevor sie wieder auf den Waldboden herabkamen.

FdW: Was sind Ihrer Ansicht nach die Hauptunterschiede in der sozialen Organisation zwischen Bonobos und Schimpansen?
KANO: Typisch für den Bonobo sind, erstens, langfristige Bindung zwischen Mutter und Sohn, zweitens, das Einsetzen von Sexualkontakten als

INTERVIEW MIT
TAKAYOSHI KANO UND
SUEHISA KURODA

soziales Werkzeug und, drittens, eine frauenzentrierte Organisation. Wir kennen nun sechs Mutter-Sohn-Dyaden, die noch immer zusammen sind, obwohl die Söhne bereits voll ausgewachsen sind. Diese Paare ziehen fast immer gemeinsam, in den gleichen Parties, umher.

KURODA: Die lange Abhängigkeit des Sohnes könnte durch das langsame Wachstum der Bonobokinder hervorgerufen werden, das offenbar langsamer verläuft als beim Schimpansen. Selbst wenn sie bereits ein Jahr alt sind, laufen oder klettern Bonobokinder nicht viel, und sie sind sehr langsam. Die Mütter halten sie immer in ihrer Nähe. Erst wenn die jungen Bonobos etwa eineinhalb Jahre alt sind, beginnen sie mit anderen zu spielen – viel später als Schimpansen. In dieser Zeit sind die Mütter sehr aufmerksam. Die beiden können eine sehr intensive Kommunikation entwickeln, denn ein Kind, das bestimmte Objekte nicht erreichen kann, ruft nach seiner Mutter, und die Mutter eilt dann herbei, um ihm zu helfen.*

FdW: Ich kann mir vorstellen, wie dadurch eine starke Bindung aufgebaut wird, aber müßte sich diese Bindung nicht auf Töchter und Söhne gleichermaßen erstrecken? Was passiert mit den Töchtern?

KURODA: Weibliche Juvenile lösen ihre Bindung zur Mutter allmählich und streifen weiter umher, als es Söhne tun. Das ist ganz deutlich; manchmal beobachten wir junge Frauen, die allein bleiben oder sich im Randbereich einer Gruppe aufhalten, selbst wenn sie erst fünf oder sechs Jahre alt sind. Söhne hingegen halten sich immer in der Nähe ihrer Mutter auf. Tatsächlich höre ich oft das gleiche von Menschenmüttern – sie sagen, daß Söhne liebevoller und anhänglicher seien als Töchter.

FdW: Sind weibliche Bonobos dominant, gleichrangig oder den Männern untergeordnet?

KANO: Sie sind beinahe kodominant. Männer sind offenbar leicht dominant, weil der Alpha-Mann [der höchstrangige erwachsene Mann] in meiner Hauptuntersuchungsgruppe der einzige Mann ist, der die beiden Frauen mit dem höchsten Rang bedrohen oder angreifen kann.

FdW: Meiden ihn diese beiden Frauen?

KANO: Nein, das ist sehr interessant: Wenn der Alpha-Mann die Alpha-Frau angreift, ignoriert sie ihn gewöhnlich völlig. [*Beide lachen.*]

FdW: Was passiert mit dem Futter? Kann die Alpha-Frau dem Alpha-Mann Futter wegnehmen?

KANO: Ja, natürlich. Sie ist dominant, wenn es um Nahrung geht.

KURODA: Ich glaube, soziale Dominanz kann nicht alle Begegnungen er-

---

* Das verzögerte Wachstum der Art und ihr zwergenhafter Wuchs im Kindes- und im frühen Jugendalter zeigen sich in Robert Yerkes' Unterschätzung von Prince Chims Alter wie auch im Namen des züchtenden Bonobomanns im Zoo von San Diego, der sich vom französischen Begriff für „Erdnuß" ableitet (siehe Kapitel 1). (Anm. d. Üb.)

klären. Beim Streit um Futter erscheint mir am eindrucksvollsten, daß sich die Frauen genauso verhalten, wie es ihnen paßt, wohingegen die Männer das nicht können. Selbst wenn die Männer körperlich überlegen sind, wollen sie nicht gegen die Frauen kämpfen. Der Mann würde wahrscheinlich gewinnen, aber alles, was er in einem solchen Fall tun kann, ist Fersengeld geben.

Bonobofrauen können Bettler gut ignorieren nach dem Motto: „Warum störst du mich, siehst du nicht, daß ich gerade beim Essen bin?" Aber wenn ein Mann im Besitz des Futters ist und ihm nähert sich eine Frau, löst sich sein Selbstvertrauen in Luft auf.

FdW: Welche Art ist Ihrer Meinung nach klüger: Bonobo oder Schimpanse?
Kuroda: Der Bonobo natürlich! [*Wir lachen über einen derart offenen Bonobozentrismus.*] Es gibt so viele Arten von Intelligenz. Wenn Sie die Fähigkeit beider Arten vergleichen, Werkzeuge zu gebrauchen oder Partner zu strategischen Zwecken zu rekrutieren, dann sind Bonobos nicht besonders clever. Aber wenn es um intime soziale Beziehungen geht, ist ihre Kognition infolge ihrer langen Abhängigkeit als Kinder hoch entwickelt. Auf Gebieten wie Bindung, Zuneigung und Konfliktvermeidung sind sie sehr intelligent. Beispielsweise sind Schimpansen nicht in der Lage, friedliche Beziehungen zu anderen Gruppen zu entwickeln. Ihre soziale Organisation konzentriert sich darauf, wie man Vorteile gewinnt und andere Gruppen bekämpft. Die Friedfertigkeit von Bonobos beruht auf ihrer Fähigkeit, den Wert sozialer Beziehungen zu erkennen.

FdW: Warum benutzen sie im Freiland keine Werkzeuge?
Kano: Weil sie keine benötigen. Es gibt hier viele Termiten, aber die Bonobos essen sie nicht.
Kuroda: Sie haben andere Proteinquellen. Beispielsweise gibt es gelegentlich eine ganze Menge Raupen im Wald. Ich bin mir sicher, wenn Bonobos Werkzeuge brauchen, dann werden sie sie auch benutzen.

FdW: Was denken Sie über die Zukunft der Bonobos in Zaire?
Kuroda: Die Population nimmt wegen der Jagd nach Fleisch rapide ab. Der Jagddruck hat nach dem Bürgerkrieg 1991 dramatisch zugenommen, denn die Unruhen haben Nahrungsressourcen im ganzen Land zerstört. Die Leute hungerten, vergaßen die alten Traditionen (wie das Tabu, Bonobos zu töten) und kümmerten sich nicht mehr um Gesetze. Wir müssen sehr besorgt sein, was die Zukunft der Bonobos angeht. Vor fünf Jahren dachten wir, die Gesamtpopulation könne annähernd 10 000 Individuen umfassen, doch heute sind es möglicherweise weniger.

Der Wald von Yalosidi ist ein typisches Beispiel. In den siebziger Jahren registrierte Kano dort eine sehr hohe Populationsdichte. Als unser Kollege, Gen'ichi Idani, Yalosidi rund zehn Jahre später besuchte, waren die Bonobos praktisch verschwunden!

Takayoshi Kano, der an der Universität von Kyoto lehrt, ist Leiter der am längsten laufenden Untersuchung an wilden Bonobos. Er kam 1973 mit dem Fahrrad in Wamba an und hat es geschafft, die Station trotz primitiver Bedingungen und politischer Instabilität seit über zwei Jahrzehnten in Betrieb zu halten. Ohne seine Pionierarbeiten würden wir, was das Sozialleben der Bonobos angeht, noch immer weitgehend im dunkeln tappen.

DIE WAMBA-METHODE

Takayoshi Kano gehört zur weltberühmten Primatologenschule der Universität von Kyoto, die sich nach dem Zweiten Weltkrieg aus Verhaltensuntersuchungen an freilebenden Pferden und den in Japan heimischen Makaken, den sogenannten Japan- oder Rotgesichtsmakaken, entwickelte. Die Sichtweise der Kyoto-Schule unterscheidet sich in mancher Hinsicht von dem traditionellen westlichen Wissenschaftsansatz. Statt sich auf Konkurrenzverhalten und den darwinistischen Kampf ums Überleben zu konzentrieren, betonen japanische Primatologen die sozialen Zusammenhänge. Manchmal wird gesagt, daß die japanische Wirtschaft im Vergleich zur vierteljährlichen Bilanzierung, wie sie im Westen üblich ist, eine längerfristige Perspektive einnimmt; genauso investieren japanische Primatologen oft viel Mühe in das Sammeln von Daten, die oft erst Jahre später Früchte tragen. Langzeituntersuchungen und das Erfassen Hunderter von Individuen sind ein Grundpfeiler ihrer Forschung; daneben setzen sie auf begrenztes Anfüttern, um die Tiere anzulocken.

So waren es auch japanische Wissenschaftler, denen es durch geduldiges Beobachten von Populationen über Generationen hinweg zum erstenmal gelang, bei Tieraffen lebenslange verwandtschaftliche Bindungen nachzuweisen. Der Gründer der Kyoto-Schule, Kinji Imanishi, plädierte zudem für eine Identifizierung mit dem tierischen Untersuchungsobjekt: Er argumentierte, daß ein gewisses Maß an Subjektivität unabdingbar sei, um Verhalten wirklich zu verstehen.

Die japanische Primatologie erwies sich als derart einflußreich, daß uns ihr Forschungsansatz heute alltäglich erscheint. So wurde es im Westen beispielsweise lange abgelehnt, Individuen mit Namen oder Nummern zu benennen (Gegner behaupteten, es vermenschliche die Tiere zu sehr), heute gehört es jedoch zur Routine. Viele Primatologen verfolgen den Lebensweg von Primaten nun von der Geburt bis zum Tod und spüren, daß Einfühlungsvermögen von seiten des menschlichen Beobachters unvermeidlich und auch wünschenswert ist.

Die Vorstellung, daß Tiere eine Kultur haben, wie es erstmals für Japanmakaken diskutiert wurde, gewinnt ebenfalls an Akzeptanz. Inzwischen ist eine völlig neue Generation japanischer Primatologen in den statistischen Methoden und evolutionären Gesichtspunkten der westlichen Biologie geschult worden. Heute sind westliche und östliche Ansätze miteinander verschmolzen.

Beobachtungen von Kano und seinen Mitarbeitern zeigen viele Unterschiede wie auch grundlegende Ähnlichkeiten zwischen Bonobo- und Schimpansengesellschaften auf. Beide Arten leben in sogenannten *fission-fusion societies* (*fission* = Spaltung, *fusion* = Vereinigung) – das heißt, die Menschenaffen ziehen in kleinen Trupps oder „Parties" aus wenigen Individuen umher, deren Zusammensetzung sich von Stunde zu Stunde und von Tag zu Tag verändern kann. Alle Zusammenschlüsse, mit Ausnahme desjenigen zwischen einer Mutter und ihrem noch abhängigen Nachwuchs, haben temporären Charakter. Anfangs verblüffte diese Flexibilität die Forscher und ließ sie sich fragen, ob diese Menschenaffen überhaupt stabile soziale Gruppierungen kennen. Nach jahrelanger sorgfältiger Dokumentation der Zusammensetzung von Schimpansenparties in Tansania löste Toshisada Nishida, ein enger Kollege Kanos, das Rätsel. Er entdeckte, daß Schimpansen große Gruppen, sogenannte Einheitsgruppen oder Kommunen, bilden: Alle Mitglieder einer bestimmten Kommune bilden flexible, sich ständig wandelnde Kleingruppen, die sich untereinander, jedoch niemals mit Angehörigen einer anderen Kommune vermischen.

Beide Arten sind männerphilopatrisch – das heißt, die Männer bleiben in ihrer Geburtsgruppe, während die Frauen abwandern und sich auf benachbarte Gruppen verteilen, was Inzucht verhindert. Infolgedessen kennen die älteren Männer einer Schimpansen- oder Bonobogruppe alle jüngeren Männer seit ihrer Geburt, und die jüngeren Männer sind zusammen aufgewachsen. Zudem sind die Männer oft miteinander verwandt, und zwischen maternalen Brüdern bestehen enge Bindungen. Frauen hingegen schließen sich einer fremden und oft feindlichen Gruppe an, wo sie vielleicht niemanden oder höchstens ein paar Migrantinnen aus der eigenen Kommune kennen.

All das bei waldbewohnenden Menschenaffen herauszufinden ist komplizierter, als es auf den ersten Blick scheinen mag. Die Feldforscher bemerken vielleicht, daß eine bestimmte Frau verschwunden ist, aber dafür kann es eine Menge Gründe geben. In einem großen Waldgebiet, in dem umherziehende Trupps dauernd ihre Zusammensetzung verändern, kann ein Individuum lange Zeit unbemerkt bleiben, bevor man feststellt, daß es fehlt. Nur wenn die Frau dann bei einer Nachbargruppe auftaucht – was bedeutet, daß man diese bestimmte Gruppe ebenfalls an den Menschen gewöhnt (habituiert) und beobachtet haben muß –, kann man folgern, was geschehen ist. Oder nehmen wir Verwandtschaften: Es hört sich einfach an zu sagen, daß Brüder enge Bindungen ausbilden, aber man kann mit Sicherheit nur sagen, welche erwachsenen Männer Brüder sind, wenn man sie zusammen hat aufwachsen sehen und weiß, daß sie von derselben Frau aufgezogen worden sind. Zwar ähneln Geschwister einander häufig, aber kein Feldforscher, der etwas auf sich hält, würde derart subjektiven Kriterien trauen. Da Menschenaffen langsam heranwachsen, bedarf es mindestens eines Jahrzehnts hingebungsvoller Beobachtung, bevor man zuverlässige Aussagen über die verwandtschaftlichen Beziehungen innerhalb einer Kommune machen kann.

Während sich andere Untersuchungen darauf konzentriert haben herauszufinden, wie Bonobos die Ressourcen ihres Lebensraums nutzen, in welcher Truppstärke sie umherziehen und wie sie sich in den Bäumen fortbewegen, hat das japanische Team derartige Informationen vorwiegend als Basis für ein viel ehrgeizigeres Projekt gesammelt: Es geht den Forschern um das Aufdecken sozialer Beziehungsgeflechte. Die Betonung liegt in diesem Fall nicht auf der Ökologie der Art, sondern auf ihrem Sozialverhalten. Damit will ich nicht sagen, daß diese beiden Themen einander ausschließen. Man geht weithin davon aus, daß das Sozialleben an die ökologischen Bedingungen angepaßt ist: Im Idealfall wird beides untersucht. Die Methodik ergibt sich jedoch logischerweise aus dem theoretischen Schwerpunkt. Ökologen runzeln über Kanos Anfütterung mit Zuckerrohr die Stirn. Aus ihrer Sicht sind die Wamba-Bonobos nur bedingt repräsentative Studienobjekte: Anfüttern beeinflußt sicherlich Nahrungsauswahl und Wanderroute. Ohne eine zuverlässige Technik, die Bonobos an seine Gegenwart zu gewöhnen, hätte das Kyoto-Team jedoch wohl niemals das erreicht, was es erreicht hat. Die japanischen Forscher ihrerseits fragen sich nach dem Nutzen von Kurzzeituntersuchungen an schlecht habituierten Menschenaffen. Kannten die Forscher den sozialen Kontext dessen, was sie sahen? Gelang es ihnen, eine repräsentative Auswahl von Tieren zu beobachten?[1]

Die Wissenschaftler in Wamba waren bisher die einzigen, die die notwendige Ausdauer aufgebracht haben, um die Lebensgeschichte einzelner Menschenaffen kennenzulernen; daher sind die dort gewonnenen Informationen, die Kano in seinem Buch *The Last Ape* und in zahlreichen Artikeln gemeinsam mit seinen Kollegen beschrieben hat, von unschätzbarem Wert.

TRUPPS IM WALD

Die Wamba-Forscher beobachteten die Bonobos nicht nur an der Futterstelle, sondern folgten ihnen auch in den Wald, von dem es drei Typen gibt. Für den Sumpfwald in Flußnähe sind relativ niedrige Bäume typisch, die sich wegen des lockeren, morastigen Bodens aneinanderlehnen oder mit Stelzwurzeln abstützen. Der Primärwald wächst auf festerem Untergrund und ist wegen der dichten, überlappenden Baumkronen und der viel höheren Bäume, darunter Giganten von bis zu fünfzig Metern Höhe, um einiges dunkler. Infolge dieses Lichtmangels ist das Unterholz relativ dünn. Schließlich gibt es noch den Sekundärwald, der aus Kahlschlägen resultiert. Sobald die Menschen das Gebiet wieder verlassen haben, beginnt die Vegetation, ihre Spuren zu überdecken, aber selbst wenn dort irgendwann wieder voll ausgewachsene Bäume stehen, bleibt die Baumdichte geringer als im Primärwald. Wo das Sonnenlicht den Erdboden erreicht, bildet sich eine dichte Krautschicht. Die Bonobos durchstreifen zwar alle drei Habitate, aber sie bevorzugen den Primärwald, der die höchste Pflanzenvielfalt aufweist.

In Wamba und anderenorts nehmen Bonobos eine breite Palette an pflanzlicher Nahrung zu sich, überwiegend jedoch reife Früchte. Die meisten sind nur so groß wie Feigen, doch einige können beeindruckende Ausmaße erreichen. *Anonidium*-Früchte werden bis zu zehn Kilogramm, *Treculia*-Früchte sogar bis zu dreißig Kilogramm schwer; das kommt dem Gewicht eines ausgewachsenen Bonobo nahe. Diese kolossalen Früchte werden gewöhnlich verzehrt, wenn sie zu Boden gefallen sind, und viele andere eßbare Früchte reifen auf niedriger Vegetation. Daher suchen die Bonobos nicht nur auf den Bäumen, sondern auch auf dem Waldboden nach Nahrung. Den zweiten Platz auf dem Speiseplan der Bonobos nehmen markhaltige Pflanzen der Krautschicht ein, die unter Spezialisten als THV (vom englischen *terrestrial herbaceous vegetation* – am Boden wachsende krautige Vegetation) bekannt sind. Auf ihren Wanderungen machen die Bonobos zwischendurch halt und verzehren eine Handvoll Blattstiele und Schößlinge dieser Stauden. Kano berichtet, daß einige dieser knackigen Gewächse, die auch von der einheimischen Bevölkerung gesammelt werden, einen „unbeschreiblich köstlichen" Geschmack besitzen. Diese Nahrung ist reich an Eiweiß, was einen der Hauptunterschiede zur Ernährung von Schimpansen erklären könnte: Bonobos sind offenbar weniger stark auf tierisches Eiweiß angewiesen.

Schimpansen konsumieren bedeutende Mengen tierischer Nahrung, darunter kleine Tieraffen, die sie jagen und töten. Bonobos hingegen verzehren seltener Fleisch, und ihre Beziehung zu den kleineren Affen ist keineswegs die zwischen Jägern und Gejagten. In Wamba wurde sogar beobachtet, daß die Bonobos mit diesen Affen spielten und sie groomten, doch spanische Primatologen in der Region Lilungu, einem neuen Forschungsgebiet, berichten von erzwungenen Interaktionen zwischen Menschen- und Tieraffen. Die Bonobos sahen die Tieraffen anscheinend als Spielzeug an. Jorge Sabater-Pi beobachtete bei drei verschiedenen Gelegenheiten, wie die Bonobos die Tieraffen, die sie gefangen hatten, untersuchten, umarmten, groomten oder sich auf den Rücken setzten. Sie warfen sie auch in die Luft oder schwangen sie am Schwanz herum, so daß die armen Tiere sich manchmal den Kopf stießen. Es sah so aus, als ob die Bonobos spielen wollten und grob wurden, als die Tieraffen nicht „mitspielten", obwohl sie doch von den Menschenaffen so eifrig gegroomt worden waren. Ein Opfer entkam, doch zwei junge Tieraffen kamen um. Nichts deutete darauf hin, daß sie verzehrt wurden; ein Bonobo trug den toten Körper zwei Tage lang mit sich herum, bevor der Leichnam verschwand.*

Dieses Verhalten steht in scharfem Gegensatz zu dem von Schimpansen, die nicht gezögert hätten, die Tieraffen zu zerreißen und aufzuessen. Vielleicht decken Bonobos ihren Proteinbedarf weitgehend durch den Verzehr von THV. Sie essen zwar gelegentlich Tiere, aber meist Wirbellose, wie Insekten.

Die Ausscheidungen Tausender von Raupen, die sich im Wald auf den riesigen Botunabäumen versammeln, klingen wie feiner Regen. Die Raupen schwärmen jedes Jahr aus und werden nicht nur von den Bonobos, sondern auch von der einheimischen Bevölkerung gierig verzehrt. Die Bonobos essen auch Regenwürmer, die

---

* Bei den Tieraffen handelte es sich um Angola-Stummelaffen (*Colobus angolensis*) und Rotschwanzmeerkatzen (*Ceropithecus ascanius*); (Barbara Fruth, persönliche Mitteilung an die Üb.)

sie aus dem Schlamm graben. Als man ihnen in Wamba Hühnereier anbot, aßen sie die Eier oder trugen sie davon. Wenn man ihre Abneigung gegen unbekannte Nahrung kennt, kann man daraus schließen, daß Bonobos Eier aus Vogelnestern sammeln. Was Wirbeltiere angeht, so weiß man inzwischen von verschiedenen Streifgebieten, daß Bonobos Reptilien, Spitzmäuse, Flughörnchen und Ducker (kleine Waldantilopen)[2] verzehren. Vielleicht fangen sie zusätzlich auch kleine Fische oder Garnelen. Der Anteil tierischer Nahrung macht nach Schätzung der Forscher in Wamba, die auf 1000 Kotproben beruht, jedoch nur rund ein Prozent ihres Speiseplans aus.

Bonobos suchen in kleinen Gruppen oder „Parties", deren Zusammensetzung sich ständig ändert, nach Nahrung. Wie sich ihre Gruppenorganisation von der der Schimpansen unterscheidet, die dem gleichen Muster von *fission* und *fusion* folgen, wird momentan intensiv diskutiert. Da die Gruppengröße von der Nahrungsverteilung abhängt – die Gruppen werden größer, wenn die Tieren gemeinsam essen können, zum Beispiel in großen fruchttragenden Bäumen –, wird sie höchstwahrscheinlich durch Anfüttern, wie es in Wamba praktiziert wird, beeinflußt. Das macht es schwierig, nichtangefütterte Bonobos mit angefütterten Schimpansen zu vergleichen und vice versa. Vor kurzem haben zwei Untersuchungen dieses Problem umgangen: Takeshi Furuichi und Hiroshi Ihobe verglichen die Wamba-Bonobos mit einer angefütterten Gruppe Schimpansen in den Mahalebergen in Tansania. Frances White und Colin Chapman zogen einen ähnlichen Vergleich zwischen den Lomako-Bonobos und einer nichtangefütterten Schimpansengruppe im Kibale-Nationalpark in Uganda. Nun verfügen wir über zwei detaillierte Vergleichsstudien: eine, in der beide Arten zusätzliches Futter erhalten, und eine, in der beide ohne Zusatzration auskommen müssen.

Wie White und Chapman herausfanden, meiden Schimpansenfrauen in der Regel die Nähe anderer Frauen, wohingegen es bei den Bonobos die Männer sind, die sich voneinander fernhalten. Bei allen anderen Geschlechtskombinationen zeigt sich ein tolerantes und geselliges Verhalten – das heißt, die Tiere bleiben zusammen, wenn sie sich nahegekommen sind. Das deutet darauf hin, daß der Hauptunterschied zwischen beiden Menschenaffenarten in den Männerbünden und der weiblichen Intoleranz bei Schimpansen beziehungsweise in den Frauenbünden und der männlichen Intoleranz bei Bonobos besteht.

Die Daten von Furuichi und Ihobe aus Wamba liefern jedoch ein etwas anderes Bild. Beide fanden ebenfalls eine intensive Bindung zwischen weiblichen Bonobos, berichten aber, daß Männer dieser Art zusammen umherziehen und einander ebensooft groomen wie die Schimpansen in Mahale. Ob dies typisch für die Art ist, bleibt noch zu klären, aber es deutet darauf hin, daß Bonobomänner potentiell zu Bindung und gegenseitiger Toleranz fähig sind. Das gleiche gilt, nebenbei gesagt, für weibliche Schimpansen. Wenn die weibliche Bindung bei ostafrikanischen Populationen – wo die Frauen mit ihrem noch unselbständigen Nachwuchs meist allein umherziehen – auch nicht ausgeprägt ist, so ist darüber doch bei einigen Populationen in Westafrika berichtet worden, ebenso bei zoolebenden Schimpansenkolonien, in denen Frauen einander häufig groomen, Nahrung miteinander teilen und andere Frauen vor männlicher Aggression schützen.[3]

Das heißt im Endeffekt, daß beide Spezies sich hinsichtlich der Gewichtung ihrer intrasexuellen Beziehungen voneinander unterscheiden: Bei Bonobos ist der Kontakt zwischen den Frauen, bei Schimpansen hingegen der Kontakt zwischen den Männern wichtiger. Dieser Unterschied ist jedoch nur graduell: Die Flexibilität innerhalb jeder Art ist groß. Der einzig durchgängige Artunterschied besteht in einer engeren Beziehung zwischen den Geschlechtern bei Bonobos. In Wamba sind 75 Prozent der umherziehenden Trupps gemischt: Sie umfassen erwachsene Tiere beiderlei Geschlechts und Mütter mit Kindern; in Lomako liegt der Prozentsatz nur geringfügig niedriger. An beiden Orten findet Grooming (ein weithin akzeptiertes Maß für soziale Bindung) am häufigsten zwischen den Geschlechtern statt; Grooming unter Frauen kommt etwas seltener vor, und Grooming unter Männern bildet das Schlußlicht.[4]

Bei Schimpansen ziehen Männer mit einer empfängnisbereiten Frau umher, aber da die Frauen nur gelegentlich in diesem attraktiven Zustand sind, suchen die Geschlechter nur selten die Gesellschaft des jeweils anderen. Bonobofrauen hingegen stellen die rosa Schwellungen, die Paarungsbereitschaft signalisieren, über längere Zeit zur Schau; in praktisch allen Trupps findet man mindestens eine Frau mit deutlich ausgeprägten Schwellungen. Vielleicht sind aus diesem Grund die Geschlechter öfter in gemischten Gruppen unterwegs. Zudem ziehen männliche Bonobos – selbst ausgewachsene – mit ihren Müttern durch den Wald, was zu einer noch stärkeren Geschlechtermischung führt.

Da die Frauen beider Arten zu anderen Gruppen auswandern, sind die einzigen Bindungen, die sich bilden können, solche zwischen Mutter und Sohn und zwischen Brüdern (über die Vaterschaft wissen die Forscher und höchstwahrscheinlich auch die Menschenaffen nichts). Schimpansenbrüder verbünden sich häufig miteinander und stehen einander bei Auseinandersetzungen bei, so wie bei der Allianz zwischen Faben und Figan, die es Figan ermöglichte, die Spitzenposition in der Gombe-Gemeinschaft zu erobern. Im Gegensatz dazu ist die Mutter-Sohn-Bindung bei Schimpansen, wenn auch eindeutig vorhanden, nur minimal entwickelt. Bonobos zeigen das entgegengesetzte Muster: Der Fokus der männlichen Verwandtschaftsbindung hat sich von den Brüdern auf die Mutter verlagert. Daß die Mutter-Sohn-Bindung auch Folgen für die männliche Rangordnung hat, macht die Parallelen und Gegensätze zu Schimpansen um so interessanter. Die Rolle der Mutter ist so überaus wichtig, daß Kano die Mütter als den „Kern" der Bonobogesellschaft bezeichnet hat.

Bonobos sind offenbar geselliger als Schimpansen: Sie wandern nur selten allein umher, und ein durchschnittlich großer Trupp in Wamba umfaßt an die zwanzig Individuen. Das ist ein Mehrfaches der typischen Truppgröße bei Schimpansen. Vermutlich spielt das Anfüttern dabei eine Rolle, denn die Gruppen sind in Wamba deutlich größer als in Lomako, wo der Durchschnitt bei etwa sieben Individuen liegt. Das kann jedoch nicht der einzige Grund sein, da einige der frühen Daten aus Wamba von nichtangefütterten Trupps stammen. Suehisa Kuroda, der Bonobopopulationen in einiger Entfernung von Wambas Hauptforschungsstation beobachtet hat, gewann den Eindruck, daß große Trupps in dieser Region häufig sind. Die Erklärung dafür könnte eher ökologisch als methodisch sein: Wamba ist reicher an THV als Lomako, und den in Wamba vorherrschenden Futterbaum findet man in Lomako nicht.

Was die Kommunengröße angeht, so sind die Verhältnisse an den beiden Forschungsstationen jedoch ähnlich.[5] Bonobokommunen – von denen Trupps nur zeitweilige Manifestationen sind – variieren in ihrer Größe zwischen 25 und 75 Individuen, doch laut Schätzungen gibt es Kommunen von bis zu 120 Mitgliedern. Schimpansenkommunen zeigen eine ähnliche Variabilität.

Ein weiteres Zeichen für die gesellige Natur der Bonobos ist, daß sich Mitglieder einer Kommune nachts sammeln. Jeden Abend nimmt sich ein Bonobo ein paar Minuten Zeit, um hoch oben in einem Baum Zweige miteinander zu einer komfortablen Plattform zu verflechten, auf der er dann die Nacht verbringt. Barbara Fruth und Gottfried Hohmann fanden heraus, daß diese Nachtnestgruppen bedeutend größer sind als die Wandertrupps. Mit anderen Worten, solche Nachtnestgruppen umfassen mehr Individuen, als man gewöhnlich tagsüber zusammen findet. Wir wissen nur wenig über mögliche Gefahren, die das Leben dieser Menschenaffen bedrohen; vielleicht erklärt die Anwesenheit großer Raubtiere, wie Leoparden, warum sie einander rufen, wenn es dunkel wird, und an einem Schlafplatz gegenseitig Gesellschaft suchen.[6] Die Forscher spekulieren weiterhin, daß bei diesen Treffen Informationen über reichhaltige Nahrungsquellen ausgetauscht werden könnten.

Tatsache ist: Auch wenn noch so viele Bonobos tagsüber ihre eigenen Wege gehen, so finden sie sich doch nachts gerne wieder zusammen.

INTERVIEW MIT FRANS LANTING

Im Juli 1996 interviewte ich Frans Lanting, der 1992 den Auftrag erhalten hatte, die Bonobos von Wamba, in der Republik Kongo [ehemals Zaire], zu photographieren. Seine große Erfahrung als Freilandphotograph läßt ihn den Ort und seine Bewohner aus einer ungewöhnlichen Perspektive sehen.

FdW: Hast du das Gefühl, daß die Bonobos eine schwierige Aufgabe darstellten?
LANTING: In den vergangenen zwanzig Jahren hatte ich das Privileg, längere Zeitabschnitte mit vielen Tierarten an exotischen Plätzen in aller Welt zu verbringen, aber Bonobos zu photographieren war eine der anregendsten beruflichen Erfahrungen meiner Karriere. Als ich sie im Wald aus der Nähe sah, mußte ich mir wirklich die Augen reiben – sie erinnerten mich sosehr an uns selbst! Ich spürte eine direkte gefühlsmäßige Verbindung mit ihnen, aber das durch Bilder zu vermitteln war etwas ganz anderes. Es ist einfach genug, ihre Gesten und ihren Gesichtsausdruck zu verstehen, aber diese Signale machen nur in dem breiteren sozialen Kontext Sinn, den man praktisch nicht mit einem Photoapparat einfangen kann. Was ich schließlich photographiert habe, war, was die Bonobogesellschaft angeht, nur die Spitze des Eisbergs.

In einem tropischen Urwald ist die Lichtintensität so niedrig, und die Kontraste aus harten Lichtflecken und tiefen Schatten sind gleichzeitig so stark, daß es schwierig ist, gute Bilder zu machen. Wenn man dann noch

daran denkt, daß die Affen schwarz und ihre Augen dunkel sind, so wird deutlich, daß die technische Herausforderung ungeheuer war. Bonobos sind überraschend schnell und außerordentlich schwer zu verfolgen. Mit ihnen in einem dampfend heißen Regenwald durch dichtes Unterholz Schritt zu halten, wenn man zwanzig Kilogramm photographischer Ausrüstung mit sich herumschleppt, ist schon für sich allein betrachtet ein schwieriges Unterfangen. Dazu kommt, daß Kameralinsen bei der extremen Feuchtigkeit, die im Regenwald herrscht, leicht beschlagen. Morgens mußte ich oft eine Stunde lang warten, bis meine Objektive wieder klar waren, bevor ich irgendeine Aufnahme machen konnte.

Einige Themen fordern die eigene Kreativität heraus. Im Fall der Bonobos war ich einen großen Teil meiner Zeit mit technischen Problemen beschäftigt – ganz abgesehen von den physischen Schwierigkeiten, in einem zentralzairischen Buschcamp zu überleben. Infolgedessen blieb kaum Raum für die Art Experimente, für die meine Arbeiten bekannt sind. Mein Hauptziel war, zu zeigen, wie nahe wir den Bonobos stehen und sie uns. Manchmal demonstrierten sie Dinge auf einzigartige und typische Bonoboweise, und ich hoffe, ich habe einige dieser Momente eingefangen – beispielsweise in der einen Szene, wo sie alle aufrecht auf einer Lichtung stehen und intensiv rufen. Später habe ich dann mit gefangenen Bonobos gearbeitet, um Nahaufnahmen zu machen und Nuancen im Gesichtsausdruck zu zeigen, die man im Wald praktisch nicht auf den Film bekommen kann.

FdW: Fandest du Wamba zugänglich?
Lanting: Zaire gehört zu den wenigen Ländern der Welt, wo Reisen innerhalb der vergangenen fünfzig Jahre in der Tat schwieriger geworden ist. Wenn man eine Michelin-Karte von Afrika aufschlägt, mit Zaire im Herzen des Kontinents, und zwei Orte sieht, die nicht weiter als eine Fingernagelbreite auseinanderliegen, hat man vielleicht dennoch eine Entfernung vor sich, für die man mehrere Tagesreisen benötigt, wenn man überhaupt von einem zum anderen Ort gelangen kann. Vor ein paar Jahren versuchte ein britisches Kamerateam, Zentralzaire zu erreichen, indem es von Osten, von Kenia aus, über Land reiste. Die Leute benötigten fast zwei Monate!

Dank der Unterstützung der National Geographic Society für meine Expedition konnte ich ein Flugzeug chartern. Aber selbst das erforderte logistische Vorbereitungen; ich mußte zum Beispiel einer Mission in der Nähe von Wamba via Funk einige Zeit im voraus unsere Ankunft ankündigen, damit die Missionare Zeit hatten, einheimische Helfer anzuheuern, die vor der Landung das Gras auf der Landebahn mähten. Das vermittelt einen Eindruck, wie selten Flugzeuge in der Djoluregion sind.

FdW: Wie ist der Lebensstandard?
Lanting: Seit der Unabhängigkeit ist es mit Zaire wirtschaftlich ständig bergab gegangen. Es ist für die Bevölkerung fast unmöglich, mehr als das

Allernotwendigste zum Leben aufzutreiben. Früher gab es in Wamba
Kaffeeplantagen. Damals tauchte von Zeit zu Zeit ein Kaffeehändler mit einem Laster auf und nahm die Ernte mit. Aber heute sind die Straßen derart unpassierbar, daß so etwas nicht länger möglich ist. Das bißchen Geld,
das die örtliche Bevölkerung gewöhnlich verdiente, ist futsch. Einige haben wieder damit begonnen, sich Kleider anzufertigen. Statt Stoff zu nehmen, gehen sie wieder dazu über, Grasröcke herzustellen. Wenn sie keine
Streichhölzer mehr haben, dann, so erzählte man mir, machen einige Leute
wieder Feuer, indem sie Stöcke aneinanderreiben.

Wie die Situation derzeit ist, zeigt sich vielleicht am besten daran, daß
die Leute den alten Brauch wiederaufgenommen haben, mit sprechenden
Trommeln zu kommunizieren. Wichtige Neuigkeiten werden mit Hilfe
von Trommelsignalen weitergeleitet, die mehrere Kilometer weit tragen –
so werden sie von einem Ort zum nächsten übermittelt. Jeder Forscher in
Wamba hat nun einen Trommelnamen. Takayoshi Kanos Name bedeutet
übersetzt etwas Ähnliches wie „Der Mann mit einem starken Willen".

FdW: Was kannst du über die Lebensbedingungen im Camp berichten?
LANTING: Die japanischen Forscher sind zähe Leute. Sie führen in einem
Lager neben dem Dorf Wamba ein Leben, das sich auf das Notwendigste
beschränkt. Sie leben genau wie die Ortsansässigen in Lehmhütten, und
ihr einziger Luxus – verständlich, wenn man bedenkt, wie wichtig Baden
in der japanischen Kultur ist – ist ein kleines Badehaus, das in der Gegend
völlig einzigartig ist. Wenn man nach einem heißen Tag aus dem Wald
zurückkommt, gibt es wirklich nichts Besseres, um seine innere Harmonie
wiederherzustellen, als sich in heißem Wasser einzuweichen – mit einem
Eimer pro Person.

Die Ernährung besteht aus Reis, einheimischem Gemüse und manchmal Fleisch. Drei Mahlzeiten am Tag, wie im Camp, sind wahrscheinlich
wesentlich mehr, als sich die Einheimischen leisten können, aber die Leute
hungern nicht. Schließlich leben sie in den feuchten Tropen, wo Pflanzen
schnell wachsen.

Ich war beeindruckt von der engen Beziehung zwischen den Forschern
und der einheimischen Bevölkerung. In Naturschützerkreisen wird viel
darüber diskutiert, was die beste Politik ist, um natürliche Lebensräume zu
schützen. Vielleicht sind Nationalparks für Afrika nicht die richtige Antwort oder zumindest nicht die einzig richtige Antwort. Was Kano im
Kongo tut, ist auf lange Sicht wahrscheinlich eine der wirksamsten Methoden. Kein Primatologe kommt nach Wamba, ohne zuvor Lingala, die Lo-
kalsprache, gelernt zu haben. Und da die Forscher eine Menge Leute ein-
stellen, sind sich alle Dörfler in Wamba völlig darüber im klaren, wie wert-
voll die Bonobos für ihre wirtschaftliche Situation sind. Dadurch, daß
Kano Leute aus vielen Familien und Dörfern angestellt hat, hat er seine politischen Allianzen in einer Weise ausgedehnt, die jeder Primat verstünde.

WER IST DER BOSS?

Verhaltensforscher sind es gewohnt, Individuen auf einer Dominanzskala von oben nach unten einzuordnen. Das ist bei männlichen Schimpansen und Pavianen recht einfach, ebenso bei den Weibchen vieler Altwelt-Tieraffen, wie Makaken und Grünen Meerkatzen. Soziale Rangordnungen wurden in den zwanziger Jahren bei Haushühnern entdeckt; sie beruhen darauf, welches Huhn welches andere Huhn attackiert (daher der Ausdruck *Hackordnung*). Neben Dominanz, die sich im Ausgang von Konflikten zeigt, stellen viele Tiere ihren Status auf andere Weise zur Schau. Diese optischen Präsentationen haben eine ähnliche Funktion wie die Streifen an einer Militäruniform: Sie signalisieren den Rang eines Individuums. Bei Schimpansen zum Beispiel läßt sich das dominante Individuum größer erscheinen, indem es seine Haare sträubt und sich aufrecht hinstellt, während das rangniedere praktisch vor ihm im Staub kriecht und keuchende Grunzlaute ausstößt.

Daß Bonobos solche formalisierten Dominanz- und Unterwerfungsrituale fehlen, sagt uns bereits, wie relativ unwichtig der Rang in ihrer Gesellschaft sein muß. Das gilt besonders für Beziehungen zwischen erwachsenen Frauen. Eine Rangordnung fehlt nicht völlig, sie ist aber so vage, daß Kano nicht von „hochrangigen", sondern lieber von „einflußreichen" Frauen sprechen möchte. Er vertritt die Ansicht, daß Frauen „aus Zuneigung respektiert werden, nicht deshalb, weil sie einen hohen Rang bekleiden".[7] Es gibt durchaus Aggressionen unter Frauen: Beispielsweise kann es passieren, daß eine Frau ohne Vorwarnung eine andere anspringt, sie beißt und ihr Zuckerrohr stiehlt. Vermutlich sind Kämpfe zwischen Frauen die schlimmsten Kämpfe innerhalb der Bonobogesellschaft überhaupt, doch sie machen einen dermaßen geringen Anteil der aggressiven Auseinandersetzungen aus, daß man die Frauen in jeder Hinsicht als bemerkenswert tolerant bezeichnen kann.[8] Wenn es eine weibliche Rangordnung gibt, dann beruht sie weitgehend auf Seniorität statt auf physischer Einschüchterung: Ältere Frauen haben in der Regel einen höheren Status als jüngere.

Umgekehrt sind die Frauen mit dem niedrigsten Rang erst kürzlich eingewanderte Immigrantinnen aus anderen Gemeinschaften. Diese jungen Frauen verhalten sich unauffällig, vermeiden es, in Kämpfe verwickelt zu werden, und lenken nur selten die Aufmerksamkeit auf sich. Beim Eintritt in ihre neue Gruppe suchen sie sich eine bestimmte ansässige Frau heraus, der gegenüber sie sich besonders aufmerksam verhalten: Sie versuchen, sie zu groomen, und laden sie zu sexuellen Kontakten ein. Wenn die umworbene Frau positiv reagiert, entwickeln sich nach Gen'ichi Idanis Beobachtungen feste Freundschaften. Dieser Kontakt hilft der Immigrantin, in der engverwobenen weiblichen Gemeinschaft akzeptiert zu werden. Nachdem die junge Frau ein erstes Kind geboren hat, stabilisiert sich ihre Stellung, und sie rückt stärker ins Zentrum der Gruppe. Wenn sie älter wird und ihr Status

In Wamba wendet Kano Anfütterungstechniken an, die von Forschern seines Heimatlandes für Japanmakaken entwickelt wurden. Durch den Anbau von Zuckerrohr lockte er die Bonobos aus dem Wald und gewann ihr Vertrauen. Hier warten mehrere Bonobos an der Futterstelle.

steigt, wiederholt sich der Zyklus: Nun versuchen junge Immigrantinnen, eine gute Beziehung zu ihr herzustellen.

Unter Männern ist die Situation ganz anders. Soweit wir wissen, wandern Männer nicht zwischen verschiedenen Gruppen hin und her, und Dominanz spielt bei ihnen offenbar eine große Rolle. Unter Männern kommt es viel häufiger zu Kämpfen als unter Frauen. Während sich die Rangpositionen in der Nähe der Spitze, besonders die Position des Alpha-Mannes, meist eindeutig zuordnen lassen, sind Positionen im mittleren oder niederen Rangbereich nicht so gut definiert. Da Bonobos keine ausgefeilten Statusrituale zeigen, läßt sich die Rangordnung überwiegend aus der Richtung aggressiver Verfolgungsjagden ablesen. Diese Begegnungen, die nur selten eskalieren, enden oft in einem raschen versöhnlichen Kontakt, bei dem zwei Männer einander besteigen oder, Hintern an Hintern stehend, ihren Hodensack (Skrotum) aneinanderreiben. Das Besteigen kann sich mehrfach wiederholen, wobei die Männer ihre Positionen wechseln; da der Rumpfkontakt per Definition gegenseitig ist, vermitteln diese Kontakte eher ein Bild der Symmetrie als der Ungleichheit. Die Spannung ist deutlich geringer als zwischen männlichen Schimpansen, die sich ebenfalls nach einem Kampf versöhnen, aber gewöhnlich erst mit einer gewissen Verzögerung und mit Gesten und Signalen, die die Hierarchie betonen.

Der größte Kontrast liegt jedoch in den Faktoren, die den Rang eines Mannes bestimmen. Bei Schimpansen ist der Schlüssel zu einem hohen Rang die Allianzbildung unter Männern. Ein Herausforderer versucht gewöhnlich, andere Männer zu rekrutieren, die ihm helfen, den etablierten Anführer zu stürzen, und wenn der Putsch erfolgreich ist, hat der neue Alpha-Mann eine „Verpflichtung" gegenüber seinen Verbündeten (beispielsweise erlaubt er seinen Verbündeten, aber nicht seinen Rivalen, sich mit empfängnisbereiten Frauen zu paaren). Derartige „Absprachen" sind bei wilden Schimpansen vermutet worden, und ich selbst habe sie in der großen Schimpansenkolonie im Zoo von Arnheim, in den Niederlanden, detailliert dokumentiert. Das soziale Manövrieren unter den Arnheimer Männern war so komplex und strategisch, daß ich es „Schimpansenpolitik" getauft habe.

Wenn es so etwas wie eine Bonobopolitik gibt, dann dreht sie sich höchstwahrscheinlich ebensosehr um Frauen wie um Männer. Laut Kano sind Kämpfe unter Männern gewöhnlich einseitig und kurz, wohingegen Kämpfe unter Frauen, wenn sie auch selten sind, größere Verwirrung stiften können, weil andere Frauen in den Streit hineingezogen werden. Es ist jedoch möglich, daß diese Konfusion hauptsächlich in den Augen des menschlichen Betrachters existiert: Die tierischen Akteure sind vielleicht alles andere als verwirrt. Wenn man sorgfältig analysieren würde, was in solchen Momenten passiert (beispielsweise mit Hilfe einer Videokamera), könnte man möglicherweise ein komplexes Netzwerk von Allianzen aufdecken. Ich vermute, daß weibliche Bonobos eine Ordnung untereinander ausbilden, die kaum der Bestätigung bedarf und daher nur in Krisensituationen sichtbar wird.

Ein derart kritischer Moment tritt ein, wenn erwachsene Männer ihren Rang tauschen. Wir kennen zwei Berichte über Rangwechsel zwischen männlichen Bonobos in Wamba; in beiden Fällen spielten Frauen dabei die entscheidende Rolle.[9]

Koguma jagt Ude den Rang ab

Der Sohn der mächtigen Bonobofrau Aki hatte gerade das Erwachsenenalter erreicht. Dieser Mann namens Koguma forderte eines Tages den Beta-Mann (den Mann mit dem zweithöchsten Rang) Ude heraus. Laut schreiend und einen Ast hinter sich herziehend, griff Koguma an, kam direkt auf Ude zu und rannte dicht an ihm vorbei. Ude sprang auf und schlug nach Koguma, um sich zu verteidigen. Dann intervenierte der Alpha-Mann, bestieg Ude und beruhigte ihn durch Rumpf-zu-Rumpf-Kontakt.

Nach einer Weile griff Koguma wieder an. Da Ude einen Gegenangriff startete, wälzten sich die beiden Männer schließlich heftig prügelnd im Gebüsch herum. Als Koguma einen weiteren Angriff startete, eilte ihm seine Mutter mit einem Jungen am Bauch zu Hilfe. Ude floh, als Aki ihn, unterstützt von den lauten Schreien anderer Frauen, davonjagte. Koguma ließ nicht locker: Innerhalb einer Zeitspanne von neun Minuten griff er Ude ein dutzendmal an. Jedesmal, wenn sich Ude erhob, um Vergeltung zu üben, stürzte sich Aki auf ihn. Gegen Ende wurde Ude still und ging Koguma aus dem Weg. Schließlich floh er auf den nächsten Baum, sobald Koguma, einen Ast hinter sich herziehend, auf ihn zukam.

Danach schien Ude erschüttert. Sobald Koguma angriff, floh er oder präsentierte sein Hinterteil, um den jüngeren Mann zu beruhigen.

Ten jagt Ibo den Rang ab

Die älteste und höchstrangige Frau, Kame, hatte drei Söhne; der älteste namens Ibo war der Alpha-Mann. Ten, der Sohn der Beta-Frau, begann, Kames Söhne herauszufordern, obgleich er gewöhnlich von Ibo besiegt wurde. Zu diesem Zeitpunkt war Kame bereits vom Alter geschwächt und intervenierte nicht mehr zugunsten ihrer Söhne. Die Mutter des Angreifers hingegen erfreute sich bester Gesundheit und begann, Kames Söhne zu attackieren. Einmal besiegte sie im Lauf einer ernsthaften körperlichen Auseinandersetzung sogar Ibo.

Die entscheidende Konfrontation fand nicht zwischen den Männern, sondern zwischen ihren Müttern statt. Die beiden Frauen fochten einen harten Kampf aus, wobei sie über den Boden rollten und Kame schließlich unterlag. Danach kam es noch öfter zu solchen Kämpfen, aber Kame konnte ihre dominante Stellung niemals wiedergewinnen.

Die Folge war nicht nur, daß die Beta-Frau zur Alpha-Frau aufrückte, sondern ihr Sohn rückte ebenfalls in die Spitzenposition auf. Nach der Niederlage seiner Mutter wurde Ibo unterwürfig. Kames Söhne nahmen einige Jahre lang eine mittlere Rangposition ein, gerieten aber nach dem Tod ihrer Mutter an den Rand der Gruppe.

Wären Kames Söhne Schimpansen gewesen, hätten sie sich zweifellos verbündet und ihre Position gemeinsam verteidigt. Bei Bonobos sind Allianzen unter Männern jedoch kaum entwickelt, was den Frauen erlaubt, einen weit größe-

ren Einfluß auszuüben. Infolgedessen kann ein relativ junger Mann eine Spitzenposition erlangen, vorausgesetzt, seine Mutter hat einen hohen Rang. Männer
hingegen, deren Mütter ihre beste Zeit hinter sich haben oder bereits tot sind,
sinken in der Rangordnung häufig ab.

Das bringt uns zu dem vielleicht erstaunlichsten Aspekt der Bonobogesellschaft: Frauen sind Männern gegenüber häufig dominant. Abgesehen von einigen bemerkenswerten Ausnahmen, wie bei Tüpfelhyänen und madagassischen
Lemuren, ist die männliche Dominanz das Standardmuster bei Säugern. Der
Grund ist leicht einzusehen: Gewöhnlich sind Männchen schwerer als Weibchen und besitzen Waffen, wie Hörner, Stoß- oder Fangzähne, die dem weiblichen Geschlecht fehlen oder bei ihm viel schwächer ausgebildet sind. Da Bonobos die gleiche Art von Sexualdimorphismus aufweisen, wenn auch etwas weniger ausgeprägt als bei vielen anderen Primaten, stellt die Dominanz des
„schwächeren" Geschlechts eine deutliche Verletzung dessen dar, was jeder Bio-
loge erwarten würde. Als mir diese weibliche Dominanz zum erstenmal auffiel,
betrachtete ich sie als kuriose Ausnahme. Doch je mehr zoolebende Bonobokolo-
nien ich beobachtete, besuchte oder durch Hörensagen kennenlernte, desto
deutlicher kristallisierte sich heraus, daß dieses Muster die Norm und nicht etwa
die Ausnahme ist.[10]

Könnte es sein, daß kulturelle Sensibilitäten, die die Beziehung zwischen
Mann und Frau in unserer eigenen Gesellschaft prägen, dazu geführt haben, daß
dieses einzigartige Arrangement bei unseren nächsten Verwandten eine Zeitlang
geleugnet wurde? Bis Anfang der neunziger Jahre blieb die Situation ungeklärt,
dann, 1992, auf einem internationalen Primatologentreffen in Straßburg, Frankreich, platzte die Bombe. Mehrere Forscher berichteten über Beobachtungen
und Experimente mit zoolebenden Bonobos, die an der Antwort auf diese Streitfrage kaum Zweifel ließen: Amy Parish löste in identisch zusammengesetzten
Gruppen (ein erwachsener Mann, zwei erwachsene Frauen) von Schimpansen
und Bonobos im Stuttgarter Zoo Nahrungskonkurrenz aus: Die Menschenaffen
erhielten Honig, den sie ernten konnten, indem sie Stöckchen in kleine Löcher
steckten. Daraufhin zog der männliche Schimpanse im ganzen Gehege eine Im-
ponierveranstaltung ab und beanspruchte den gesamten Honig für sich allein;
erst als er satt war, ließ er die Frauen nach Honig stochern. In der Bonobogruppe
hingegen näherten sich die Frauen dem Honighügel gemeinsam und nahmen sexuellen Kontakt miteinander auf. Anschließend fraßen sie Seite an Seite, wobei
sie sich abwechselten und praktisch keine Konkurrenz zeigten. Das Imponiergehabe des Mannes ignorierten sie, ohne sich stören zu lassen.

Ähnlich berichteten Beobachter aus dem belgischen Tierpark Planckendael:
Wenn ein männlicher Bonobo versuchte, einen weiblichen Bonobo zu belästi-
gen, taten sich alle Frauen zusammen, um ihn zu vertreiben. Daß ein solches
Verhalten nicht auf die Gefangenschaft beschränkt ist, zeigen Beobachtungen
aus Wamba. Laut Kano provozieren Männer gelegentlich Gegenattacken von
vielen Frauen: „Eine Gruppe Männer greift keine Frau an, aber das Umgekehrte
kann vorkommen."[11] Im Zentrum eines umherziehenden Trupps findet man die
hochrangigen Frauen gewöhnlich Seite an Seite. Ihre Söhne dürfen sich ihnen

zugesellen, aber erwachsene Männer ohne Mütter bleiben in der Regel am Rand der Gruppe. Das Bild, das sich in Wamba abzeichnet, ist das einer weiblich bestimmten Gesellschaft, in der selbst die männliche Rangordnung weitgehend von den Müttern diktiert wird.

Auf dem Treffen in Straßburg beschrieb Furuichi weiterhin ein Verhalten, das sehr nach weiblicher Dominanz im Hinblick auf Nahrung aussieht: „Gewöhnlich tauchten an der Futterstelle zuerst Männer auf. Doch sobald Frauen erschienen, räumten sie die ergiebigsten Futterstellen. Es sieht so aus, als würden sie deswegen so rasch herbeieilen, weil sie sonst nichts abbekämen – und nicht etwa, weil sie dominant wären. Selbst Frauen von mittlerem oder niedrigem Rang konnten Männer verdrängen."[12]

Da Frauen nur selten aggressiv werden, ist der beste Hinweis auf ihren hohen Rang die Art und Weise, wie sie den Zugang zu begehrter Nahrung kontrollieren. Hohmann und Fruth dokumentierten Nahrungsteilung unter Bonobos in Lomako, wobei es gelegentlich um Fleisch ging, aber häufiger um große *Anonidium*- und *Treculia*-Früchte. Die Besitzerin des Futters war fast immer eine erwachsene Frau. Die anderen umringten sie, einige bettelten, indem sie eine Hand ausstreckten oder den Mund der Frau berührten. Männer imponierten dann gewöhnlich in der Nachbarschaft, indem sie Äste abbrachen und Scheinangriffe starteten, oder sie lungerten am Rand der schmausenden Gruppe herum. Sie verhielten sich freundlich gegenüber den Jungtieren, die alle freien Zugang zum Futter hatten. Da die Männer selbst den Kreis nicht betreten durften, konnten sie nicht viel mehr tun, als den Jungtieren einige Brocken zu stehlen. Selbst wenn ein Mann der Erstbesitzer war, verlor er das Futter häufig an eine der älteren Frauen. Vielleicht fehlt den Männern deshalb das Selbstvertrauen, selbst zu teilen und so halten sie alles fest, was sie einmal in die Finger bekommen haben.

Das Bild einer weiblich kontrollierten Nahrungsverteilung mit am Rand wartenden und „parasitierenden" Männern unterscheidet sich drastisch vom typischen Verteilmuster der Schimpansen, bei denen ein erwachsener Mann einen Tierkadaver hält, während die übrigen um einen Anteil betteln. Der Besitzer teilt sowohl mit seinen Mitjägern – gewöhnlich anderen Männern – als auch mit Frauen. Seine Toleranz ist ebenso bemerkenswert wie aus zwei Gründen verständlich: Das Teilen mit anderen Männern dient dazu, politische Bindungen zu festigen und die Jagdkooperation zu stärken; warum sollten andere Männer beim anstrengenden Fang eines Tieraffen helfen, wenn für sie nicht ein Stück Fleisch als Belohnung abfällt? Neben einer solchen Reziprozität unter männlichen Jägern könnte sich das Anbieten von Nahrung als väterliches Investment erweisen: Die Frauen teilen Futter mit ihren Nachkommen, von denen einige vom Jäger gezeugt worden sein könnten. Ein männlicher Jäger, der mit Frauen teilt, könnte daher indirekt seinen Nachwuchs füttern. Schließlich wird das Teilen mit Frauen wahrscheinlich gelegentlich mit Sex belohnt, denn männliche Schimpansen verhalten sich empfängnisbereiten Frauen gegenüber besonders großzügig.

(Fortsetzung auf Seite 82)

Im September 1995 interviewte ich die Ethologen Barbara Fruth und Gottfried Hohmann, die seit 1990 im Lomakowald arbeiten. Diese beiden Deutschen sind gegenwärtig Mitarbeiter des Max-Planck-Instituts für Verhaltensphysiologie in Seewiesen, Deutschland, und der Miami-Universität in Oxford, Ohio, in den Vereinigten Staaten.

FdW: Welche Art Forschung wird gegenwärtig in Lomako betrieben?
HOHMANN: Barbaras Projekt, in dem es um den Nestbau bei Bonobos ging, ist abgeschlossen. Wir interessieren uns jetzt für die Nahrungsökologie, wie zum Beispiel die Konkurrenz zwischen Bonobos und anderen Primaten. Lomako kann in dieser Hinsicht eine spezielle Lücke füllen, da unsere Menschenaffen nicht angefüttert werden; so ein Projekt wäre in Wamba kaum sinnvoll. Weiterhin arbeiten wir an einem genetischen Projekt: der Untersuchung von DNS, die aus Kot extrahiert wurde. Wir hoffen, auf diese Weise Vaterschaften und genetische Beziehungen feststellen zu können, beispielsweise, ob die Männer enger miteinander verwandt sind als die Frauen. Wenn Bonobomänner wirklich philopatrisch sind, dann wäre ein solches Ergebnis zu erwarten.

FdW: Wie schwierig ist es, Menschenaffen ohne Anfütterung an die Anwesenheit von Menschen zu gewöhnen?
FRUTH: Mein Eindruck nach Gesprächen mit Christophe Boesch, der Schimpansen ohne Anfüttern an sich gewöhnt hat, ist, daß unsere Bonobos tatsächlich recht einfach waren. Dennoch, zu Beginn hatten wir eine harte Zeit. Im ersten Jahr konnten wir sie nur sehen, wenn sich eine große Gruppe in einem Futterbaum aufhielt. Sobald sie auf den Boden herunterkamen, verloren wir sie aus den Augen. Aber während der *Pancovia*-Saison hatten wir einen Durchbruch: Sie versammelten sich in niedrigeren Fruchtbäumen und ließen uns nahe herankommen. Die Männer waren in der Regel mutiger als die Frauen. Heute können wir jedes Tier beobachten, und sogar einige Frauen dulden eine Fokustier-Beobachtung [wobei die Feldforscher einem einzelnen Individuum eine Zeitlang gezielt folgen]. Aber es hat mindestens drei Jahre gedauert, bis wir soweit waren.
HOHMANN: Unsere Politik ist, die Tiere niemals zu bedrängen, immer nahe genug zu bleiben, um sie zu sehen, und dann zu warten, daß sie näherkommen. Das Ergebnis ist, daß wir bis auf zehn Meter an sie herankommen können. Wenn wir warten, nähern sich einige Tiere bis auf drei Meter. Manchmal versuchen juvenile Tiere sogar, uns aus reiner Neugier zu provozieren. Sie klettern von Ast zu Ast, bis sie sich genau über uns befinden, und dann werfen sie einen Ast hinab oder urinieren auf unsere Köpfe, um zu sehen, wie wir reagieren. Aber im allgemeinen sind die Bonobos an uns offenbar weniger interessiert als wir an ihnen.

FdW: Ich möchte euch die gleiche Frage wie Dr. Kano und Dr. Kuroda stellen. Sind weibliche Bonobos dominant, gleichrangig oder den Männern untergeordnet?

FRUTH: Erwachsene Frauen sind in jeder denkbaren Hinsicht dominant. Selbst jüngere Frauen dominieren gelegentlich erwachsene Männer. Ich habe einmal gesehen, wie ein ausgewachsener Mann versuchte, einer heranwachsenden Frau eine *Autranella*-Frucht zu stehlen, aber von ihr wütend davongejagt wurde.

HOHMANN: Wahrscheinlich spielt weibliche Kooperation dabei eine Rolle. Um Barbaras Beispiel aufzugreifen: Als diese junge Frau den Mann verjagte, waren andere Frauen in der Nähe. Sie alle schrien und lärmten. Ich glaube nicht, daß sie auf sich allein gestellt eine Chance gegen den Mann gehabt hätte.

FdW: Jagen oder fischen die Lomako-Bonobos?

HOHMANN: Wir haben zwar solche Versuche beobachtet, beispielsweise Bonobos, die einen fliehenden Ducker [eine kleine Waldantilope] verfolgten, aber wir haben sie niemals tatsächlich ein Tier jagen oder fangen sehen. Wir haben den Ducker jedoch schreien hören und waren in derselben Minute vor Ort. Einige Ducker, die sie sich geteilt haben, müssen um die zehn Kilogramm gewogen haben, was bedeutet, daß die Antilopen erwachsen waren.

FRUTH: Gefischt wird nicht, aber vielleicht verzehren sie eine Art Garnele. Sie waten durch das Wasser und starren in ihre Hände, während sie das Wasser durch ihre Finger strömen lassen. Dann essen sie irgend etwas. Im Wasser gibt es winzige, durchsichtige Krebstiere, die auch von den Einheimischen gegessen werden. Sie gelten als Delikatesse. Manchmal waten die Bonobos stundenlang durch das Flußbett.

FdW: Auf zwei Beinen?

FRUTH *[lacht, weil sie weiß, auf welche wilde Idee ich anspiele]*: Nein, sie waten einfach auf allen vieren durch das Wasser; diese kleinen Flüsse sind sehr seicht.*

FdW: Barbara, Bonobos sind nicht die einzigen Menschenaffen, die Schlafnester bauen. Ist an ihrem Nestbau irgend etwas Besonderes? [Eine Woche zuvor hatte sie ihre Dissertation über Nestbau erfolgreich verteidigt.]

FRUTH: Bonobos bauen oft Schlafnester, indem sie kleine Bäume zusammenziehen und deren Zweige verflechten, was zu einer sehr gut gefederten Plattform führt. Auf diese Weise können sie genau auswählen, wo im dreidimensionalen Raum sie sein wollen. Das ist sehr wichtig, weil sich die soziale Organisation in der Nestanordnung widerspiegelt. Die Frauen bauen als erste, meist hoch oben in den Bäumen. Andere folgen, wobei die

---

* Ich hatte früher einige nicht ganz ernst gemeinte Spekulationen darüber angestellt, wie Bonobos in die „Theorie vom aquatischen Menschenaffen" passen könnten, derzufolge unsere Vorfahren aufrecht zu gehen begannen, wenn sie in flachem Wasser wateten (de Waal, 1989, 182–186). Berichte hatten darauf hingedeutet, daß Bonobos auf zwei Beinen gehen, wenn sie ins Wasser steigen. Fruth und Hohmann haben ein solches Verhalten jedoch nie beobachtet.

erwachsenen Männer das Schlußlicht bilden. Sie bauen in tiefer gelegenen Baumregionen und halten maximalen Abstand von ihren Geschlechtsgenossen, während sie gleichzeitig versuchen, nahe an die Frauen heranzukommen. Einige Merkmale dieses Nestbauverhaltens mögen bonobospezifisch sein, andere wahrscheinlich nicht. Ein auffälliger Unterschied besteht jedoch in der Aggregation am Schlafplatz.

Während Schimpansen in Gruppen nächtigen, die so groß sind wie ihr letzter Wandertrupp, rufen Bonobos am späten Nachmittag, so daß viele von ihnen am Schlafplatz zusammenkommen. Wir haben beobachtet, wie die ganze Kommune an einem einzigen Ort schlief, in 26 Nestern. Könnte es sein, daß sie zusammenkommen, um Informationen über gute Futterstellen auszutauschen? Ein Trupp kennt vielleicht einen großen fruchttragenden Baum, zu dem er am nächsten Morgen mit den anderen im Schlepptau zurückkehren kann, um den Baum gemeinsam abzuernten, bevor die Mangaben ihn entdecken. Das ist eine von vielen ungelösten Fragen.

FdW: Die Forscher in Wamba berichten von bemerkenswert entspannten Beziehungen zwischen den Gemeinschaften. Habt ihr die gleiche Erfahrung gemacht?
Fruth: Mein erster Eindruck war, daß es viel gewalttätiger zuging. Ich habe einmal gesehen, wie Bonobomänner verschiedener Gruppen einander wild durchs Unterholz jagten, während alle Frauen in den Bäumen hingen und schrien und kreischten. Es wirkte so aggressiv, daß ich Angst um mein Leben bekam: Ich hatte eine Gänsehaut! Ich sah bei den Bonobos aber keine Verletzungen. In jüngerer Zeit hat Gottfried Treffen beobachtet, die eher denen ähneln, die das Wamba-Team beschreibt.
Hohmann: Die Situation ist anfangs sehr angespannt, die Tiere schreien und jagen sich, aber dann beruhigten sie sich, und zwischen den Mitgliedern der beiden Kommunen kommt es zu sexuellen Kontakten: Frauen mit Frauen und Männer mit Frauen. Grooming kommt vor, bleibt aber gespannt und nervös. Ich habe keinen freundlichen Kontakt zwischen erwachsenen Männern beobachtet.

In anderen Situationen kann es sein, daß dieselben Gruppen nicht miteinander auskommen. Eines Tages folgte ich der Gruppe, die wir untersuchen, als ich von plötzlichen Trommelgeräuschen direkt hinter mir überrascht wurde. Die Bonobos ließen sich zu Boden fallen und rannten auf die anderen zu, was zu viel Geschrei und Trommeln führte. Dann, an der Grenze ihres Territoriums, fand ich sie im Baum sitzend, wobei sie aggressives Imponierverhalten zeigten und schrien. An diesem Tag duldeten sie die andere Gruppe nicht.

FdW: Das ist das erste Mal, daß ich von trommelnden Bonobos höre. Wie hört sich das an?
Fruth *[springt auf und trommelt auf den Tisch]*: Es ist kurz, schnell und laut, aber nicht so wie die bühnenreifen Konzerte männlicher Schimpansen.

Im Vergleich dazu – warum sollten Bonobos teilen? Soweit wir wissen, gibt es
keine Jagdteams, daher sind Anreize zur Kooperation unnötig. Und da Frauen
häufig die Nahrung kontrollieren, gibt es auch weniger Grund, zwischen den Geschlechtern zu teilen; wenn eine Frau einem Mann, der nicht von ihr abstammt,
Futter anbietet, dann läßt sich das nicht als elterliches Investment ansehen. Der
einzige verbleibende Grund ist daher die Verstärkung politischer Bindungen. Im
Fall der Bonobos läßt sich dieses Prinzip nicht sosehr auf die Männer, sondern
eher auf die älteren Frauen anwenden. Und wie Kuroda herausfand, waren erwachsene Männer tatsächlich die Gruppe, die am wenigsten bereit war, untereinander zu teilen.

Möglicherweise zahlt sich das Teilen für Bonobos weniger aus als für Schimpansen. Es klingt vielleicht paradox, daß die stärker dominanzorientierte und ge-
waltbereite Art mehr Grund hat zu teilen, aber es hat unter den gegebenen natürlichen Bedingungen, unter denen Schimpansen dieses Verhalten zeigen, durchaus
Sinn. Um diese Hypothese zu verifizieren, brauchen wir detaillierte Daten über
das Nahrungsteilen bei wilden Bonobos und Schimpansen. Die einzigen existierenden Vergleiche betreffen gefangene Menschenaffen. Meine Daten stützen dabei die oben diskutierte Hypothese: Ich habe gefunden, daß Schimpansen, was
das Teilen von Nahrung angeht, großzügiger sind als Bonobos.[13]

Das bringt mich zu einem letzten Punkt: der Neigung, Bonobos zu romantisie-
ren. Selbst wenn sie erstaunlich friedlich sind, sind sie nicht die lange verloren ge-
glaubten edlen Wilden. Alle Tiere sind ihrem Wesen nach Konkurrenten, und sie
verhalten sich nur unter bestimmten Bedingungen und aus bestimmten Gründen
kooperativ, nicht etwa aus dem Wunsch heraus, nett zueinander zu sein. Man
darf daher nicht nur die Frage stellen, warum Bonobos gleichberechtigt und tole-

*Bonobokinder werden sehr klein geboren und ent-
wickeln sich im Vergleich zu anderen Menschenaffen
langsam. Dieses Bonobokind ist bereits über zwei
Jahre alt.*

Nach einem langen Tag im Wald plaudern Kano (rechts), Takeshi Furuichi (neben Kano) und Chie Hashimoto auf ihrem Weg zurück ins Camp mit den Dorfbewohnern.

rant sind, sondern auch, auf welchem Gebiet sie am meisten konkurrieren. Solche Bereiche müssen existieren: Die Geschichte der biologischen und anthropologischen Forschung warnt eindringlich vor der Idealisierung einer bestimmten Art oder einer bestimmten menschlichen Kultur. Die Wissenschaft hat sich schon früher bei einer Reihe sogenannter friedlicher Arten geirrt – das Spektrum der Irrtümer reicht von Gorillas über Delphine bis hin zu den Jäger-und-Sammler-Gesellschaften, von denen behauptet wurde, sie kennten keine Aggression. Im allgemeinen deuten solche Idealisierungen darauf hin, daß irgend etwas höchst Wichtiges übersehen oder, schlimmer noch, vertuscht worden ist.

Wenn wilde Bonobos daher körperliche Anomalien zeigen, wie deformierte Finger oder sogar völlig fehlende Hände oder Füße, sollten wir ernsthaft die Möglichkeit in Betracht ziehen, daß es sich um Verletzungen infolge von Gewalteinwirkung handelt. Was die Häufigkeit dieser Anomalien angeht, so existiert ein klares sexuelles Ungleichgewicht zwischen den Geschlechtern (am stärksten betroffen sind erwachsene Männer), und wir wissen, daß männliche Bonobos häufiger kämpfen als weibliche. Ich spreche aus Erfahrung über naive Behauptungen: Es gab eine Zeit, als ich glaubte, Schimpansen seien absolut wunderbar bei der Bewältigung von Konflikten. Dann wurde bekannt, daß die Männer in freier Wildbahn brutale Kriege gegen andere Gruppen führen, daß sie gelegentlich Kinder der eigenen Art umbringen und aufessen und Gewalttätigkeiten innerhalb einer Gruppe sogar bis zu einem Punkt eskalieren können, an dem es zu tödlichen Verletzungen kommt. Im Zoo von Arnheim wurde ein Mann von zwei anderen Männern tödlich verwundet und kastriert, und im Gombe-Nationalpark hätte ein männlicher Schimpanse zweifellos sein Leben gelassen, wenn er nicht von einem Tierarzt behandelt worden wäre. Dieses Opfer erlitt ebenfalls durch einen Angriff von Gruppenmitgliedern Verletzungen am Skrotum. Ich würde die Möglichkeit ähnlicher Aggressionen unter Bonobos nicht von der Hand weisen.[14]

Wenn wir auch zweimal nachdenken sollten, bevor wir Bonobos Gewalttätigkeiten zuschreiben, die nicht belegt sind, so sind sie doch keineswegs Heilige. Ihr lebhaftes Temperament macht es wenig wahrscheinlich, daß die Harmonie in ihrer Gesellschaft völlig auf einem angeborenen Pazifismus beruht. Unterschwellige Konkurrenz ist nicht schwer zu entdecken. Unabhängig davon, welches Geschlecht dominiert, muß es Sanktionen geben, um Rangniedere in ihre Schranken zu verweisen: Verletzungen in Zookolonien zeigen in diese Richtung.[15] Wir haben auch im Freiland Hinweise darauf gefunden, daß Frauen ernsthafte Rivalinnen sind, wenn es um die Vormachtstellung ihrer Söhne geht, und daß ihre Kämpfe bösartig sein können. Mit anderen Worten, man sollte die Bonobogesellschaft keineswegs durch eine rosa Brille sehen. Die Art bildet keine Ausnahme von der Regel, daß kooperative am besten in Verbindung mit konkurrierenden Tendenzen verstanden werden, selbst wenn ich zugebe, daß die Betonung bei Bonobos anscheinend auf der Kooperation liegt.

BONOBOS IM NEBEL*

Bindungen zwischen weiblichen Bonobos sind insofern überraschend, als sie eine allgemeine Regel verletzen, die der britische Anthropologe Richard Wrangham aufgestellt hat. Starke Bande zwischen Partnern desselben Geschlechts gibt es meist bei dem Geschlecht, das zeitlebens in seiner Geburtsgruppe bleibt. Beispielsweise folgen die Männerbünde bei Schimpansen ganz natürlich daraus, daß die Männer in der Kommune bleiben, in der sie geboren wurden. Das gleiche gilt für die Frauenbünde bei Altwelt-Tieraffen wie Makaken und Pavianen; bei diesen Arten sind die Männer das migrierende Geschlecht, wohingegen die Frauen zusammenbleiben und komplexe verwandtschaftliche Netzwerke bilden. Bonobos sind insofern einzigartig, als daß das migrierende Geschlecht später mit fremden Geschlechtsgenossinnen Bindungen ausbildet. Da sich fremde Tiere „verschwistern", kann man sagen, daß Bonobofrauen eine sekundäre Bindung eingehen (wenn wir Verwandtschaft als primäre Bindung ansehen).

Es ist jedoch nicht so, als ob Einigkeit darüber herrscht, daß man bei weiblichen Bonobos von „Bindung" sprechen kann. Es gibt im Prinzip zwei Denkschulen. Wrangham selbst hat Bonobofrauen als tolerant, aber ungebunden bezeichnet. Häufiges Grooming und sexuelle Kontakte unter Frauen spiegeln nicht unbedingt eine gegenseitige Anziehung wider; sie könnten dazu dienen, Spannungen abzubauen, statt Bindungen zu festigen. Eine derartige Bewertung – Bonobofrauen sind zwar gesellig, aber nicht eng sozial gebunden – läßt existierende Theorien über die Evolution der sozialen Bindung unangetastet. Die zweite Schule wird am deutlichsten von Amy Parish repräsentiert und argumentiert, daß Bonobofrauen nach allen Kriterien Bindungen ausbildeten; dieses Verhalten lasse sich mit keinem anderen Begriff beschreiben. Sie tolerierten einander nicht nur, sondern zögen die Gesellschaft anderer Frauen tatsächlich vor, wohingegen Männer (ausgenommen Söhne) in ihrem Leben eine nur untergeordnete Rolle spiel-

---

* Anspielung auf Dian Fosseys Buch *Gorillas im Nebel*. (Anm. d. Üb.)

Wie Schimpansen leben Bonobos in männerphilopatrischen fission-fusion societies.

1. Bonobos betonen die Bindung zwischen weiblichen Gruppenmitgliedern, zeigen aber auch ein gewisses Potential für eine Bindung zwischen Männern, wohingegen Schimpansen die Bindung zwischen Männern betonen, aber auch ein gewisses Potential für die Bindung zwischen Frauen aufweisen.
2. Verwandtschaftliche Bindungen von Männern konzentrieren sich auf die Mutter statt auf die Brüder.
3. Das Nahrungsangebot ist so reichlich und konzentriert, daß zahlreiche Bonobos gemeinsam nach Nahrung suchen können. Bonobogruppen sind in der Regel geschlechtlich gemischt.
4. Bonobos sind gesellig: Man kann in Wamba große Gruppen und in Lomako nächtliche Fusionen beobachten.
5. Die weibliche Hierarchie, die auf Alter und Länge der Gruppenzugehörigkeit beruht, ist ziemlich vage.
6. Männer konkurrieren heftig um den Rang, der von der Stellung ihrer Mutter beeinflußt wird.
7. Frauen können begehrte Nahrung monopolisieren; oft dominieren sie die Männer.
8. Trotz Feindseligkeiten kommt es auch zum friedlichen Vermischen verschiedener Kommunen.

ten. Diese Schule betrachtet Beziehungen unter Frauen als die fundamentalsten Bindungen in der Bonobogesellschaft, selbst wenn sie erst in höherem Alter ausgebildet werden und sich nicht mit Verwandtschaftsbeziehungen überschneiden.

Inzwischen wissen wir zwar, *wie* diese engen Beziehungen ausgebildet werden – durch sexuellen Kontakt und Grooming –, doch es gibt bisher noch keine Antwort auf die Frage, *warum* sich Bonobos und Schimpansen in dieser Beziehung derart unterscheiden. Ausgehend von der Annahme, daß der Schlüssel zu diesem Phänomen im Muster der Gruppenbildung bei Frauen liegt, hat man die Antwort in unterschiedlichen ökologischen Bedingungen gesucht, die es den Frauen erlauben, gemeinsam und ohne zuviel Konkurrenz nach Nahrung zu suchen.

Richard Malenky und Frances White haben in Zusammenarbeit mit Wrangham die Nahrungsökologie der Lomako-Bonobos mit derjenigen von Schimpansen verglichen. Sie kamen zu dem Schluß, daß das Streifgebiet der Bonobos reich an größeren Futterbäumen ist, so daß mehr Individuen gemeinsam essen können, und die Bonobos größere Mengen THV verzehren, eine Nahrungsquelle, die in ihrem Streifgebiet ebenfalls häufig ist. Sie beißen die zähen, faserigen Hüllen auf und kauen das weiche Mark dieser rohrartigen Stauden. Nach Ansicht der Forscher spiegelt sich dieses zuverlässige und reichhaltige Nahrungsangebot, das zahlreiche Frauen ohne Konflikt gemeinsam nutzen können, in der Sozialstruktur der Bonobos wider. Bei Schimpansen hingegen sind die Frauen gezwungen, ihre Nahrung unabhängig voneinander zu suchen, da die Nahrungsquellen stärker verstreut liegen.

Da sich ein anderer enger Verwandter, der Gorilla, hauptsächlich von Pflanzen der Krautschicht ernährt, hat Wrangham die These aufgestellt, daß das völlige Fehlen von Gorillas im Streifgebiet der Bonobos eine ökologische Nische geschaffen haben könnte, zu der Schimpansen einfach keinen Zugang haben (Schimpansen und Gorillas sind in großen Teilen ihres Verbreitungsgebiets sympatrisch):

Im mittleren Pleistozän, vor zwei oder drei Millionen Jahren, lebten schimpansen- und gorillaartige Menschenaffen zusammen am linken Ufer des Kongoflusses. Eine kurze kalte und trockene Periode um diese Zeit führte zum Verlust der perennierenden (mehrjährigen, ausdauernden) Krautschicht und dadurch auch zum Aussterben der gorillaartigen Menschenaffen, die von der Krautnahrung abhingen. Als die Feuchtigkeit wieder zunahm, aßen die schimpansenartigen Menschenaffen weiterhin Früchte, fanden sich aber auch von der Nahrungskonkurrenz der gorillaähnlichen Menschenaffen befreit. Wann immer die Fruchtbäume nicht genügend Nahrung lieferten, konnten sich diese Protobonobos an die üppige krautige Gorillanahrung auf dem Waldboden halten. Statt durch Nahrungskonkurrenz gezwungen zu sein, kleine Gruppen zu bilden, wenn die Baumfrüchte rar waren, konnten die Protobonobos weiterhin gemeinsam auf Nahrungssuche gehen.[16]

Wie plausibel dieses Szenario auch erscheinen mag, es wirft einige Probleme auf. Zum einen geht es davon aus, daß Bonobos von schimpansenartigen Vorfahren abstammen[17], wohingegen, wie bereits erwähnt, andere Wissenschaftler annehmen, daß Bonobos die stammesgeschichtlich ältere Form darstellen. Zum anderen erhebt sich die Frage, warum – wenn die Ökologie die soziale Organisation diktiert – Bonobos nicht eine gorillaähnlichere Sozialorganisation entwickelt haben, bei der eine Reihe von Gorillafrauen von einem Silberrücken geführt wird, der mit anderen Silberrücken um ihren „Besitz" konkurriert. Bonobos haben offenbar fast genau die entgegengesetzte evolutionäre Richtung eingeschlagen: Große dominierende Männer sind nirgendwo in Sicht. Vielleicht standen die Chancen für ein gorillaähnliches System von Anfang an schlecht, da die reichlich vorhandene Nahrung auf einem Fleck es den Frauen ermöglichte, zusammenzukommen, Bindungen herzustellen und schließlich Allianzen zu bilden, die den männlichen Ehrgeiz unter Kontrolle hielten. Wenn das der Fall war, könnte ein kleiner Anfangsvorteil im Kampf der Geschlechter es Bonobofrauen ermöglicht haben, eine völlig neue soziale Organisation aufzubauen, in der nicht die Männer, sondern sie selbst die Oberhand behielten.

Der evolutionäre Hintergrund der einzigartigen Bonobogesellschaft liegt noch im dunkeln. Zweifellos werden weitere ökologische Untersuchungen dazu beitragen, einige Fragen zu klären, aber von einer Rekonstruktion der Divergenz zwischen den afrikanischen Hominoiden (einschließlich des Menschen) und den verschiedenen umweltbedingten Selektionsdrucken, die diese Divergenz verursacht haben, sind wir bisher noch weit entfernt. Einige Veränderungen ergeben sich vielleicht logisch aus anderen, aber solange wir die entscheidenden Übergänge nicht verstehen, sind plausible Szenarios noch Zukunftsmusik. *Ein* hochproblematisches Thema, das bisher noch gar nicht angesprochen wurde, ist, warum es sowenig Konkurrenz zwischen Bonobogruppen gibt. Von Schimpansenmännern wissen wir, daß sie einander bei territorialen Auseinandersetzungen umbringen, Gorillamänner kämpfen gelegentlich auf Leben und Tod um den Besitz von Frauen, und unsere Art schaut auf eine lange blutige Geschichte von Schlachten zurück, die Tausende von Soldaten das Leben kosteten. Im Gegensatz dazu „besuchen" Bonobos ihre Nachbarn anscheinend nur, zwar nicht ohne eine gewisse Feindseligkeit und Spannung, aber ohne mörderische Absichten.

Das erste friedliche Zusammentreffen benachbarter Kommunen wurde 1979 in Wamba beobachtet, wo zwei Gemeinschaften zusammenkamen und eine Woche lang zusammenblieben. Vor kurzem führte Kano bei einem Meeting ein Video eines solchen Treffens vor. Zuerst sieht man Bonobos, die einander heftig jagen, wobei sie schreien und bellen, ohne daß es aber zu physischen Auseinandersetzungen kommt. Dann nehmen die Frauen aus beiden Kommunen nach und nach sexuellen Kontakt auf und groomen einander sogar. Unterdessen spielt ihr Nachwuchs mit den Kindern aus der anderen Kommune. Selbst ein paar Männer aus beiden Kommunen nähern sich einander, um kurz ihre Hodensäcke aneinanderzureiben. Wer die brutalen Auseinandersetzungen zwischen zwei Schimpansengemeinschaften kennt, die Jane Goodall in all ihren gruseligen Details beschrieben hat, kann über die Beziehungen zwischen Bonobogemeinschaften nur erstaunt den Kopf schütteln.

Gen'ichi Idani, der 36 Treffen zwischen Kommunen in Wamba filmte, charakterisiert die typische Interaktion zwischen Männern und Frauen der verschiedenen Kommunen als sexuell und freundlich, während sich Männer gegenüber Artgenossen der jeweils anderen Kommune feindselig und ablehnend verhalten. In der ersten Viertelstunde einer Begegnung kommt es zwischen Männern und Frauen der beiden Kommunen häufig zu Paarungen. Für diese Kommunenfusion ist die Anfütterung vielleicht mitverantwortlich, weil viele derartige Begegnungen an der Futterstelle stattfanden.

Bevor man die friedlichen Beziehungen zwischen den Bonobogemeinschaften jedoch menschlichem Einfluß zuschreibt, sollten wir berücksichtigen, daß bei Schimpansen genau umgekehrt argumentiert worden ist. Einige Anthropologen haben den brutalen Krieg in Gombe als Fütterungsartefakt abgetan, weil an einem Ort konzentrierte Nahrungsquellen, so behaupteten sie, zu Gewalttätigkeiten führen. Wenn das stimmt, warum sollten Bonobos dann unter ähnlichen Umständen so wenig kämpfen? Wie Idani ergänzt, stützen Begegnungen, die nicht an der Futterstelle stattfanden, seine Schlußfolgerungen: Die gleichen zeitweiligen Fusionen konnte er im Wald beobachten. Dazu kommt, daß die neuesten Berichte aus Lomako, wo nicht gefüttert wird, auf ähnlich entspannte Beziehungen zwischen den Kommunen hindeuten (siehe das Interview mit Barbara Fruth und Gottfried Hohmann auf Seite 79–82).

Die sich stark überschneidenden Streifgebiete von Bonobogemeinschaften und direkte Beobachtungen relativ friedlicher Kommunenvermischungen deuten darauf hin, daß die Beziehungen zwischen Bonobogemeinschaften stark von denjenigen zwischen Schimpansengemeinschaften abweichen. Wenn es uns gelingt, den Nebelschleier zu lüften, der heute noch über den Selektionsdrucken liegt, die die Bonobogesellschaft geformt haben, erhalten wir vielleicht eine Antwort auf eine Schlüsselfrage: Wie haben sie es geschafft, dem zu entkommen, was viele von uns für die schlimmste Geißel der Menschheit halten – unserer Fremdenfeindlichkeit und unserer Neigung, Feinde in großem Maßstab zu vernichten? Könnte der Grund sein, daß Bonobos nicht für ein Vaterland kämpfen, sondern, wenn überhaupt, dann für ein Mutterland?[18]

LEBEN IM WALD

Aufnahmen von Bonobos in ihrem natürlichen Lebensraum sind außerordentlich selten, und noch weniger Fotos fangen die Besonderheiten ihres Soziallebens ein. Hier groomt eine hochrangige Bonobofrau ihren jungen erwachsenen Sohn. Er zieht mit ihr durch den Wald und wird eines Tages vielleicht auf ihre Unterstützung angewiesen sein, um einen hohen Rang unter den Männern zu erringen.
Folgende Seite: *Die Bonobos blicken aufmerksam in Richtung der Rufe, die von rechts herübertönen. Sie koordinieren ihre Bewegungen sorgfältig und berücksichtigen dabei, was sie über den Aufenthaltsort anderer Gruppenmitglieder und anderer Gruppen wissen.*

*Während sich jüngere Kinder am Bauch der Mutter anklammern, reiten äl-
tere Kinder wie Jockeys auf ihrem Rücken. Junge Bonobos werden vier Jahre
lang gestillt und sogar noch länger herumgetragen; ihre Mutter nimmt sie
mit, wohin sie auch geht. In der offenen Gesellschaft der Bonobos treffen
Mütter mit Kindern oft auf andere Frauen in der gleichen Situation.*

Ein Bonobokind hockt in einem riesigen, durch Wurzeln wie Strebpfeiler abgestützten Baum neben seiner Mutter, die gerade ißt (o b e n). Ein juveniler Mann (r e c h t s) läßt die typischen hohen und schrillen long distance calls (Distanzrufe) erschallen, mit denen Bonobos anderen ihre Gegenwart kundtun.

KAPITEL 4

MENSCHENAFFEN VON DER VENUS

ls ich vor kurzem im Wild Animal Park, nördlich von San Diego, alte Bekannte besuchte, spendierte ich ihnen eine Mahlzeit, während ein Kamerateam ihre Tischmanieren für ein populäres Wissenschaftsprogramm festhielt. Die Bonobos taten genau das, was von ihnen erwartet wurde: Sie lösten Spannungen über Nahrung mit Sex.

Wir filmten sie in ihrem geräumigen grasbewachsenen, mit Palmen bestandenen Gehege, wo sie das trockene, warme Wetter von Südkalifornien genossen, das ihnen überraschend gut bekommt, wenn man bedenkt, daß in ihrem natürlichen Lebensraum ein schwülwarmes und feuchtes Klima herrscht. Loretta erkannte mich sofort wieder und drehte mir in ihrer üblichen Art das Hinterteil zu, während sie mich mit klaren Augen durch ihre Beine hindurch anschaute und einladend einen Fuß ausstreckte. Obwohl sich in der Gruppe ein voll ausgewachsener, muskulöser Mann befand, war Loretta die unangefochtene Königin. Zu diesem Zeitpunkt war die Rangordnung wie folgt: 1. Loretta, eine 21jährige Frau, 2. Akili, ein 15jähriger Mann, 3. Leonore, eine 13jährige Frau, und 4. Marilyn, eine 8jährige Frau.

Als ein Bündel Ingwerblätter – ein besonders begehrter Leckerbissen – vor ihren Füßen landete, griff Loretta sofort zu. Nach einer Weile erlaubte sie Akili, von ihren Blättern zu essen, aber Leonore zögerte, sich dazuzugesellen. Das lag nicht etwa an Loretta, sondern daran, daß sich Leonore und Akili nach Auskunft des Pflegers aus irgendeinem Grund nicht verstehen – ein

Sex ist der Kitt, der die Bonobogesellschaft zusammenhält. Diese Frau quiekt, während sie von einem Mann bestiegen wird. Sexualkontakte finden jedoch nicht nur zwischen verschiedengeschlechtlichen Partnern statt; Sex wird buchstäblich in allen nur möglichen Partnerkombinationen und in einer einzigartigen Vielfalt von Positionen ausgeübt.

Dauerproblem in der Gruppe. Leonore sah ständig zu Akili hinüber und ging ihm immer aus dem Weg. Diese Spannungen wurden schließlich sexuell gelöst. Leonore präsentierte sich mehrmals aus einiger Entfernung. Als Akili nicht reagierte, näherte sie sich ihm, drückte ihre Genitalschwellung gegen seine Schulter und rieb sie leicht daran. Anschließend durfte sie sich ohne weitere Probleme zu der Gruppe gesellen, und alle drei aßen friedlich von den Blättern, die Loretta fest in Händen hielt.

Die adoleszente junge Frau der Gruppe, Marilyn, hatte etwas anderes im Sinn. Sie war in Akili verliebt, folgte ihm überall hin und lud ihn häufig zum Geschlechtsverkehr ein. Marilyn spielte eine ganze Weile im Teich und stimulierte ihre Genitalien mit der Hand, während sie die Lippen ins Wasser tauchte. Nachdem sie sich so erregt hatte, zog sie Akili am Arm zum Wasser, um sich dort mit ihm zu paaren. Akili tat ihr mehrmals den Gefallen, war aber deutlich hin- und hergerissen zwischen Marilyn und der Futterbonanza. Ich fragte mich, ob Marilyn zu einer Wasserfetischistin geworden war. Oder war es nur die zeitweilige Abwandlung eines alten Themas? Bonobos investieren offenbar eine Menge Phantasie in ihre sexuellen Abenteuer.

In der Zwischenzeit zeigte Loretta großes Interesse an Leonores Baby. Sobald das Kind in ihre Reichweite kam, stimulierte sie seine Genitalien kurz mit einem Finger; es folgte eine Bauch-zu-Bauch-Umarmung, während der sie ein paarmal gegen das Kind stieß. Einmal stimulierte die Mutter Lorettas Genitalien; anschließend schob sie ihr Kind in Lorettas Richtung, als fordere sie Loretta auf, es zu halten.

In diesem kurzen Zeitraum sahen wir Bonobos Sex um des Sex willen (Akili und Marilyn), zur Beschwichtigung (Leonore und Akili) und als Zeichen der Zuneigung (Loretta mit dem Kind) ausüben. Vielleicht sollten wir nicht alle diese Verhaltensweisen als „Sex" bezeichnen, denn viele Menschen stellen sich Sex als eine eigenständige Verhaltenskategorie vor, die auf einen geschlechtlichen Höhepunkt abzielt. Wir assoziieren Sex mit Fortpflanzung und sexuellem Begehren, wohingegen er sich bei Bonobos mit zahlreichen anderen Tendenzen mischt. Befriedigung ist keineswegs immer das Ziel und Fortpflanzung nur eine seiner vielen Funktionen. Allerdings hat die menschliche Sexualität vielleicht ebenfalls ein größeres Bedeutungsspektrum, als gemeinhin angenommen. Wie Sigmund Freud als erster bemerkte, unterliegen unsere sexuellen Bedürfnisse so starken moralischen Einschränkungen, daß es vielleicht schwierig geworden ist, zu erkennen, wie sie alle Aspekte des sozialen Lebens durchziehen – und das gilt nicht nur im Hinblick auf sexuell attraktive Partner. Einige dieser moralischen Zwänge existieren aus gutem Grund, und ich stelle sie nicht in Frage, aber die Bonobogesellschaft kann uns vielleicht Einblicke eröffnen, wie unsere Sexualität ohne derartige Einschränkungen aussehen könnte.

EROTISCHE CHAMPIONS

Die Paarung von Angesicht zu Angesicht galt früher als Beweis für die Würde und Sensibilität, die den zivilisierten Menschen vom unzivilisierten Wilden trennt. Die frontale Kopulationsposition wurde zu einer bedeutenden kulturellen Neuerung erklärt, einer Errungenschaft, die die Beziehung zwischen Mann und Frau grundsätzlich veränderte. Zur Kolonialzeit war man der Überzeugung, „primitiven" Völkern diese „kultivierte" Art des Geschlechtsverkehrs erst beibringen zu müssen, daher der Ausdruck *Missionarsstellung*. In den sechziger Jahren debattierten amerikanische Anthropologen deren Vorteile:

> Wir vermuten, daß sie [die Missionarsstellung] für die erwachsene Frau die relativen Rollen von erwachsenem Mann und Kind verändert hat, da nach der Neuerung eine viel größere Ähnlichkeit zwischen dem Empfang eines Kindes und dem eines Liebhabers besteht. Das hat möglicherweise dazu beigetragen, die zärtlichen Empfindungen der Mutter-Kind-Beziehungen bei Säugern auf andere zwischenmenschliche Beziehungen innerhalb der Gruppe auszudehnen, letztendlich mit solchen Konsequenzen wie dem Ödipuskomplex.[1]

> Offenbar wird der erwachsene Mann bei der Paarung von Angesicht zu Angesicht aufgrund seiner Position nicht nur für die erwachsene Frau zu einem Ersatzsäugling, sondern die erwachsene Frau wird durch ihr Verhalten – ihre Bitte um den Empfang einer lebenspendenden Flüssigkeit aus einem adulten Körperauswuchs – zu einem Ersatzsäugling für den erwachsenen Mann.[2]

Wenn es mir auch schwerfällt, beim Lesen solcher Lehnstuhl- (oder Schlafzimmer-)Theorien ernst zu bleiben, stellen sie doch einen ernst gemeinten Versuch von Sozialwissenschaftlern dar, die menschliche Sexualität von der tierischen abzugrenzen. Jedem Biologen ist jedoch kristallklar, daß Sex ein Bereich des menschlichen Verhaltens ist, bei dem die kulturelle Experimentierfreude fast so starken Einschränkungen unterliegt wie beim Atmen. Wo wären wir ohne das gelegentliche Treffen von Spermien und Eizellen? Es gibt nur eine begrenzte Zahl von Wegen, um diese Begegnung zu arrangieren: Die Hormone drängen uns, uns mit dem anderen Geschlecht zu vereinen, und die anatomischen Strukturen, die diese Leibesübungen sowohl möglich als auch lustvoll machen, sind biologisch vorgegeben. Unsere nach vorn orientierten Genitalien zeigen auch, daß die Missionarsstellung, wenn auch nicht obligatorisch, so doch von der natürlichen Selektion favorisiert worden ist. Da die Geschichte der sexuellen Fortpflanzung Jahrmilliarden zurückreicht, sind die Wirkungen der Zivilisation auf den Geschlechtsakt bestenfalls marginal.

Nur wenige sexuelle Verhaltensmuster, die für unsere Art typisch sind, fehlen bei Bonobos. Wie Claudia Jordan schreibt: „Es gibt kaum eine mögliche Paarungsstellung, die nicht auch eingenommen wird."[3] Den besten Eindruck vom Reichtum der Sexualität dieser Menschenaffen bekommt man, wenn man die Verhaltensmuster, die im Zoo von San Diego beobachtet wurden, einfach einmal auflistet. Bevor ich meine Untersuchungen dort begann, hatte ich gehört, daß Bonobos sinnliche Geschöpfe seien, aber ich war doch überrascht von der Vielfalt sexueller

Lange galt eine Paarung von Angesicht zu Angesicht als ausschließlich menschliche Errungenschaft. Bonobos sind jedoch Akrobaten, die jede nur mögliche Paarungsposition einnehmen. Ihre Genitalien sind an frontalen Geschlechtsverkehr angepaßt; er ist bei ihnen häufig. (Photo von Frans de Waal)

Positionen und vom Ausmaß, in dem die Bonobos einander stimulierten. Das häufigste Paarungsmuster ist die ventro-dorsale (Bauch-zu-Rücken-)Position. Es ist die typische Paarungsposition der meisten Primaten: Schimpansen, beispielsweise, paaren sich fast ausschließlich „im Hundestil". Die Genitalanatomie von Bonobos ist jedoch wie die unsrige an die ventro-ventrale (Bauch-zu-Bauch-)Stellung angepaßt.

Das Genitalgewebe weiblicher Bonobos, besonders Schamlippen (Labien) und Kitzler (Klitoris), schwillt periodisch auf Ballongröße an und signalisiert damit Paarungsbereitschaft. Schwellung und Scheide liegen weiter vorn zwischen den Beinen als bei Schimpansen, und die Klitoris steht vor, ist erektil und ebenfalls frontal orientiert. Aufgrund dieser Anatomie ist es nicht überraschend, daß Bonobofrauen bei der Paarung offenbar die Frontalstellung bevorzugen, die ihnen eine optimale Stimulation garantiert. Die männliche Evolution ist in diesem Punkt möglicherweise hinterhergehinkt, was zu einer mangelnden Übereinstimmung zwischen männlichen und weiblichen Präferenzen führt. Bonobofrauen laden Männer stets auf dem Rücken liegend ein und wechseln manchmal in diese Stellung, wenn der Mann anders begonnen hat, aber ventro-dorsale Paarungen sind etwa doppelt so häufig wie ventro-ventrale Paarungen. Der wichtigste Punkt ist jedoch, daß bisher alle Forscher den regelmäßigen Gebrauch beider Positionen beobachtet haben, so daß man beide als arttypisch bezeichnen kann.[4]

Ebenfalls typisch ist die Pseudokopulation zwischen Bonobofrauen, die ventro-ventral miteinander verkehren, wobei eine Frau die andere trägt. Diese Haltung – bei der eine Frau oft von der anderen vom Boden hochgehoben wird, während sie ähnlich wie ein Kind seine Mutter die Taille ihrer Partnerin umklammert – erlaubt beiden Frauen, Seitwärtsbewegungen auszuführen. Die Bonobofrauen reiben ihre Kitzler mit durchschnittlich 2,2 Seitwärtsbewegungen pro Sekunde aneinander, im gleichen Rhythmus wie stoßende Männer. Dieses Verhaltensmuster ist allgemein als GG-Reiben bekannt, eine Abkürzung für genito-genitales Reiben, die erstmals von Kuroda vorgeschlagen wurde. Es ist von allen Bonoboforschern beobachtet worden und kommt nur bei dieser Spezies vor.

Bonobofrauen besteigen einander gelegentlich, wobei beide Partnerinnen in die entgegengesetzte Richtung schauen. Während eine Frau auf dem Rücken liegt, steht die andere über ihr und kehrt ihr den Rücken zu, wobei sie ihre Genitalien an denen ihrer Partnerin reibt. Eine solche Rücken-zu-Rücken-Haltung, bei der beide Partner, auf allen vieren stehend, kurz Rumpf und Hodensack aneinander- reiben, kommt auch unter Männern vor; dieser sogenannte *Rumpf-zu-Rumpf-Kon- takt* ist aber weniger intensiv.

Die Haltung beim sogenannten *Penisreiben* ähnelt hingegen einer heterosexu- ellen Besteigung; dabei liegt ein Mann (gewöhnlich der jüngere) passiv auf dem Rücken, während der andere Mann stößt. Da beide Männer Erektionen haben, reiben ihre Penes gegeneinander. Ich habe beim Sex zwischen Männern weder Ejakulationen noch Versuche einer analen Penetration beobachtet. Weiterhin be- schreibt Kano *Penisfechten*, ein seltenes Verhalten, das bisher nur in Wamba be- obachtet worden ist: Dabei hängen zwei junge Männer Gesicht zu Gesicht von einem Ast herunter, während sie ihre Penes gegeneinanderreiben, als ob sie Schwerter kreuzten.

Als ich meine Untersuchungen im Zoo begann, war dieselbe Leonore, die nun gerade eine eigene Familie im Wild Animal Park gründet, noch ein Kind. Wie alle jungen Bonobos war sie vom Sex fasziniert, sprang auf Erwachsene auf, die gerade Sex miteinander hatten, und preßte manchmal ihre Vulva gegen die Schwellung ihrer Mutter, wenn diese mit anderen Frauen GG-rieb. Auf diese Weise nahm Leo- nore an allem teil, was vorging, und lernte die verschiedenen Kontexte kennen, in denen Sex eine Rolle spielt. Sie initiierte auch von sich aus sexuelle Spiele, meist mit willigen heranwachsenden Männern. Dann kletterte sie auf den Bauch eines Mannes und preßte ihren Körper gegen seine Genitalien, woraufhin der Mann – entweder in sitzender oder zurückgelehnter Haltung – ein paar Stöße machte. Be- steigungen mit einem Kind führten niemals zu einer Einführung des Penis oder zu einem Samenausstoß.

Neben typischem Sexualverhalten waren auch Verhaltensmuster zu beobach- ten, die man vielleicht besser als „erotisch" klassifizieren sollte, denn selbst wenn Erwachsene beiderlei Geschlechts beteiligt waren, konnte daraus keine Fortpflan- zung resultieren. Ein Beispiel für erotisches Verhalten ist das Mund-zu-Mund- Küssen, wobei ein Partner seinen offenen Mund über den des anderen stülpt, oft mit intensivem Zungenkontakt. Derartiges „französisches Küssen" ist für Bono- bos typisch, fehlt jedoch völlig bei Schimpansen, die nur recht platonische Küsse austauschen. Das erklärt, warum ein neuer Tierpfleger, der mit Schimpansen ver- traut war, einmal einen Kuß von einem männlichen Bonobo akzeptierte. Wie überrascht war er, als er plötzlich die Zunge des Affen in seinem Mund spürte!

Eine weitere erotische Spielart ist der Oralverkehr (Fellatio), das heißt, ein Partner nimmt den Penis des anderen in den Mund und stimuliert ihn. Das passiert bei den wilden Rangeleien unter Heranwachsenden regelmäßig. Herumtollen und Balgereien wechseln mit erotischen Spielen ab, an denen sich manchmal alle Jugendlichen beteiligen; einige besteigen einander, andere haben oralen Sex miteinander. Nach wenigen Minuten wird weitergespielt.

Das letzte erotische Verhaltensmuster ist die manuelle Massage der Genitalien eines Partners. In den meisten Fällen massierte ein erwachsener Mann einen der adoleszenten Männer. Der jüngere Mann, den Rücken gestreckt und die Beine gespreizt, präsentierte dem älteren Mann gewöhnlich seinen erigierten Penis, woraufhin der Ältere seine Hand locker um den Schaft legte und sanft auf- und abbewegte. Das ist das soziale Äquivalent der Selbstbefriedigung (Masturbation), die bei Bonobos ebenfalls üblich ist. Bei den Männern führten den Beobachtungen nach weder genitale Massage noch Masturbation zur Ejakulation. Am häufigsten masturbierten heranwachsende Männer und erwachsene Frauen.

Masturbierende Bonobofrauen stellen ein weiteres akademisches Dogma in Frage: Von Frank Beach bis Desmond Morris haben Wissenschaftler den weiblichen Orgasmus zu einer ausschließlich menschlichen Errungenschaft erklärt. Während jedermann bereit ist anzunehmen, daß Männer Spaß am Sex haben, sind viele Menschen, was Frauen angeht, offenbar skeptisch. Darin spiegelt sich der bis in unser Jahrhundert wirkende puritanische Glaube wider, daß Sex für den Mann eine Lust, für die Frau jedoch eine Last sei. Anzunehmen, die sexuelle Erregung im weiblichen Geschlecht sei auf unsere Art beschränkt, hieße zu leugnen, daß sie die gleichen biologischen Wurzeln hat wie die männliche Erregung. Wenn weibliche Bonobos jedoch regelmäßig masturbieren, muß man davon ausgehen, daß diese Aktivität angenehme Empfindungen hervorruft. Warum sollten sie es sonst tun? Wir wissen auch aus Laborexperimenten mit Bärenmakaken – ein weiterer Primat mit hochentwickeltem sexuellem Repertoire –, daß wir nicht die einzige Art sind, bei der das weibliche Geschlecht auf dem Höhepunkt der Paarung eine erhöhte Herzschlagfrequenz und rasche Gebärmutterkontraktionen erlebt. Auf diese Tieraffen und wahrscheinlich auch auf viele andere Primaten passen die physiologischen Kriterien des Orgasmus, wie sie von Masters und Johnson definiert worden sind.[5]

Wenn man nach den Lautäußerungen und der Mimik von Bonobos urteilen darf, muß nicht nur die Masturbation, sondern auch der Geschlechtsverkehr recht befriedigend sein. Bonobofrauen entblößen beim Koitus häufig ihre Zähne zu einem Freudengrinsen, besonders gegen Ende, wenn die Stöße des Mannes tiefer und langsamer werden. Zudem schreien und quieken Bonobofrauen vor oder während des Koitus häufig auf ganz typische Art und Weise, ebenso dann, wenn sie mit anderen Frauen GG-reiben. Geschlechtspartner sehen sich häufig an, so daß sie mimische und akustische Äußerungen ihres Gegenübers genau registrieren können, und der Austausch wird sehr intensiv und intim. Es kommt sogar vor, daß sexuelle Aktivitäten abgebrochen werden, wenn beide Partner nicht „dieselbe Wellenlänge" haben, wie eine frühe Studie von

Sue Savage-Rumbaugh und Beverly Wilkerson im Yerkes-Primatenforschungszentrum belegt:

> Videozeitlupenaufnahmen von Kopulationen haben gezeigt, daß Geschwin-
> digkeit und Intensität des Stoßens in vielen Fällen sichtlich verändert wur-
> den, wenn sich Mimik oder Lautäußerungen eines der Beteiligten veränder-
> ten; es konnte sogar zu einem völligen Abbruch der Paarung kommen. Diese
> Beobachtungen lassen darauf schließen, daß der Bonobo nicht nur auf das ei-
> gene physiologische Feedback während des Verkehrs reagiert, sondern auch
> auf die subjektiven Erfahrungen des Partners, die ihm über Mimik und
> Lautäußerungen vermittelt werden. Bei zahlreichen Gelegenheiten war zu be-
> obachten, wie der Mann oder die Frau zu stoßen aufhörte, wenn der Partner
> nicht zum Augenkontakt bereit war oder sein Desinteresse anderweitig,
> durch Gähnen oder Selbstgroomen usw., zeigte.[6]

Ich habe Bonobos viele hundert Stunden lang beobachtet, und damit dieser
Überblick über ihr sexuelles und erotisches Verhalten nicht den Eindruck einer
pathologisch übersexualisierten Art hinterläßt, möchte ich betonen, daß ihre sexuelle Aktivität erstaunlich beiläufig und entspannt wirkt. Sex ist offenbar ein
völlig natürlicher Teil ihres sozialen Lebens. Und obgleich der Bonobo ein ernst-
zunehmender Anwärter auf den Titel eines Sexchampions in der Primatenwelt
ist, sollte man seine Sinnlichkeit nicht übertreiben. Bonobos sind keineswegs die
ganze Zeit mit Sex beschäftigt. Im Zoo hat ein Bonobo durchschnittlich etwa alle
eineinhalb Stunden, ein Schimpanse etwa alle sieben Stunden sexuellen Kontakt.
In freier Wildbahn sind Sexualkontakte zweifellos seltener. Viele Kontakte,
besonders diejenigen mit sehr jungen Artgenossen, werden nicht bis zum sexuellen Höhepunkt verfolgt. Die Partner liebkosen und streicheln sich lediglich.
Selbst die durchschnittliche Kopulation zwischen Erwachsenen ist nach
menschlichen Maßstäben kurz: Sie dauert dreizehn Sekunden im Zoo von San
Diego, fünfzehn Sekunden in Wamba. Wir haben es nicht mit einer endlosen
Sexorgie, sondern mit einem Sozialleben zu tun, das durch kurze Momente sexueller Aktivität gewürzt wird.

ATTRAKTIVITÄT HAT IHREN PREIS

Wenn man den Einfluß von ökonomischen Faktoren und sozialem Druck auch
nicht unterschätzen sollte, so beruht die menschliche Kernfamilie doch auf der
Bindung zwischen Ehemann und Ehefrau. Das gilt unabhängig davon, ob ein
Mann nun eine oder, wie in den meisten Kulturen erlaubt, mehrere Frauen hat.[7]
Diese Bindung wird teilweise durch regelmäßigen Geschlechtsverkehr aufrecht-
erhalten. Ohne die stark verlängerte weibliche Paarungsbereitschaft hätte Sex
niemals diese Schlüsselposition erlangen können. Wenn Frauen wie die meisten
weiblichen Säuger nur einige Monate im Jahr oder nur ein paar Tage pro Monat
zum Sex bereit wären, hätten sie es wahrscheinlich schwer, einen männlichen
Partner dauerhaft an sich zu binden. Natürlich ziehen viele Frauen in unserer
modernen Gesellschaft ihre Kinder ohne direkte männliche Beteiligung auf, aber

Zwei erwachsene Männer nehmen Rumpf-zu-Rumpf-Kontakt auf: Sie reiben ihre Hodensäcke aneinander – das männliche Pendant zum typischen Genitalreiben der Frauen. In der Bonobogesellschaft sind Männer das eindeutig konkurrenzbewußtere Geschlecht: Die Mehrzahl aggressiver Verfolgungsjagden an der Fütterungsstelle in Wamba spielt sich unter Männern ab. Ein kurzer Rumpf-zu-Rumpf-Kontakt dient als versöhnliche Geste. (Photo von Takayoshi Kano)

man kann wohl sicher davon ausgehen, daß diese Option für unsere Vorfahren nicht existierte. Von Raubtieren und Feinden umgeben und am Rand des Existenzminimums lebend, machte die männliche Unterstützung in einer Situation, wo jeder Beitrag zum Lebensunterhalt zählte, wahrscheinlich einen entscheidenden Unterschied aus. Sie ermöglichte es protohominiden Frauen, mehr Nachkommen großzuziehen als die Menschenaffen, von denen sie abstammten, und könnte der Hauptgrund dafür sein, daß wir und nicht sie heute die Welt bevölkern.

Obwohl männliche Menschenaffen mit Kindern herumtollen, ihre Possen tolerieren und sie manchmal auch heftig verteidigen, muß man der Fairneß halber sagen, daß die Sorge für den Nachwuchs bei unseren nächsten Verwandten einseitig auf den Schultern der Frauen lastet. Nach einer Schwangerschaft von rund acht Monaten stillt die Mutter ihr Kind vier Jahre und schützt es sogar noch länger. Die mütterliche Investition bei Menschenaffen wird in ihrem Umfang nur von der einer Handvoll anderer langlebiger Säuger übertroffen, wie Elefanten, Walen und Menschen. Schimpansinnen haben etwa alle sechs Jahre Nachwuchs, die Bonobofrauen in Wamba hingegen alle viereinhalb Jahre. Selbst wenn diese Geburtenrate im Vergleich zu den meisten anderen Tieren niedrig ist, stellt sie möglicherweise das Maximum dessen dar, was Menschenaffen in freier Wildbahn leisten können. Die Bonobofrauen in Wamba gebären manchmal so kurz nacheinander, daß sie anschließend zwei Junge stillen müssen. Man sieht die

Mutter dann aufrecht umherziehen, ein Kleinkind am Bauch (Bauchtragling) und ein etwas älteres Kind auf dem Rücken. Das muß eine schwere Last sein; die Bonobos haben das Ein-Eltern-System wahrscheinlich bis an seine Grenze ausgereizt.[8]

Trotz des Fehlens stabiler Bindungen zwischen Geschlechtspartnern haben Bonobos mit uns eine stark ausgedehnte Paarungsbereitschaft gemein. Frauen sind am ehesten zum Geschlechtsverkehr bereit, wenn ihre Schwellung maximal ist; während dieser Phase stoßen kopulierende Männer auch rascher – vielleicht spiegelt sich darin eine stärkere Erregung wider. Die erhöhte Paarungsbereitschaft wurde dadurch erreicht, daß sich der Zeitraum der Genitalschwellung verlängerte. Während Schimpansen einen Menstruationszyklus von etwa 35 Tagen haben, beträgt die Zykluslänge bei Bonobos eher 45 Tage, und der Zeitraum der Schwellung nimmt einen größeren Teil des Zyklus ein (75 Prozent im Vergleich zu 50 Prozent bei Schimpansen). Zusätzlich entwickeln Bonobofrauen bereits ein Jahr nach der Geburt – wenn sie eindeutig noch nicht wieder fruchtbar sind – erneut Schwellungen, was den Zeitraum, in der sie für Männer sexuell attraktiv sind, zusätzlich erhöht. Daraus ergibt sich ein deutlicher Unterschied: Schimpansenfrauen sind weniger als fünf Prozent ihres Erwachsenenlebens paarungsbereit, Bonobofrauen hingegen fast die Hälfte der Zeit.[9]

Wie man aus Bemerkungen von Zoobesuchern schließen kann, finden die meisten Leute die auffälligen Genitalien der Menschenaffen abstoßend. Einige halten sie für Abszesse, und einmal hörte ich sogar, wie eine Besucherin völlig verwirrt ausrief: „Oh, mein Gott, ist das, was ich da sehe, ein Kopf?" Affenmänner hingegen wissen ganz genau, was sie da sehen: Für sie gibt es nichts Aufregenderes als eine Artgenossin mit einem voluminösen rosa Hinterteil. Ich persönlich bin an diese anatomischen Gegebenheiten so gewöhnt, daß sie mir nicht seltsam oder häßlich erscheinen, wenn einem auch in diesem Zusammenhang Begriffe wie „lästig" oder „beschwerlich" durch den Kopf gehen. Bonobofrauen mit voll entwickelten Genitalschwellungen können sich nicht normal hinsetzen: Sie müssen ihr Gewicht unbeholfen auf die eine oder andere Hüfte verlagern. Das Schwellgewebe ist zudem empfindlich und blutet bei der geringsten Gelegenheit (heilt aber auch rasch wieder). Bonobofrauen zahlen einen hohen Preis für ihre Attraktivität.

Wenn sich Schwellungen als sexuell erregendes Signal erst einmal bei einer Art entwickelt haben, läßt sich dieser Prozeß höchstwahrscheinlich nicht wieder rückgängig machen. Man stelle sich nur eine evolutionsbiologisch alte Art mit periodischer Genitalschwellung vor, deren Frauen sich auf eine erhöhte Paarungsbereitschaft ohne Dauerschwellung hinentwickeln. Das Problem, das sich daraus ergibt, liegt auf der Hand: Es gäbe eine Übergangszeit, in der Frauen mit reduzierter Schwellung gegen Frauen mit größerer Schwellung antreten und um die Gunst der Männer konkurrieren müßten. Bedenkt man, wie lange die Attraktivität einer Frau evolutionsbiologisch schon auf der Größe ihrer Schwellung beruht, hätte die erste Gruppe Frauen die Schlacht wahrscheinlich selbst dann verloren, wenn ihre Schwellungen etwas länger angehalten hätten. Wie der Pfauenschwanz oder das Riesengeweih einiger prähistorischer Hirscharten demonstrieren, ist „Rückgängigmachen" keine evolutionäre Option, wenn es um Sex-Appeal geht.[10]

Da unsere Spezies eine ausgedehnte Paarungs- und Empfängnisbereitschaft ohne Schwellung entwickelt hat, kann man mit einiger Sicherheit davon ausgehen, daß unsere Vorfahren von vornherein keine derartige Schwellung aufwiesen. Menschenfrauen sind einen Großteil ihres Zyklus bereit zu sexuellen Kontakten, ohne dafür den Preis zu entrichten, den Bonobofrauen für eine Evolution in die gleiche Richtung zahlen müssen, und sie haben allen Grund, dafür dankbar zu sein. Hätten wir den gleichen evolutionären Weg wie die Bonobos eingeschlagen, sähen beispielsweise unsere Stühle heute sicherlich ganz anders aus.

Der amerikanische Anthropologe Owen Lovejoy vertritt die These, daß ein ausgeprägtes sexuelles Verlangen und die Fähigkeit, sich während des größten Teils ihres Zyklus zu paaren, es weiblichen Protohominiden erlaubte, sich männliche Dienstleistungen zu „erkaufen". Helen Fisher, die diese Vorstellung in ihrem Buch *The Sex Contract* (Der Sexvertrag) populär gemacht hat, schreibt dazu:

> Wie aber sich männlicher Dienste versichern? Einige Vormenschenfrauen waren sexuell attraktiver als andere. Sie kopulierten während eines *größeren* Teils ihres Monatszyklus, während eines *größeren* Teils ihrer Schwangerschaft und *rascher* nach der Geburt ihrer Kinder. Wenn sie in Hitze waren, zogen diese Frauen, obwohl mit hilflosen Kindern belastet, ständig die Aufmerksamkeit der Männer auf sich. Bei den tagtäglichen Unternehmungen standen sie im Mittelpunkt der Gruppe. Abends, wenn sich alle versammelten, um Fleisch zu erbetteln, bekamen diese Frauen das meiste ab. Daher waren Frauen mit starker sexueller Ausstrahlung gesünder und besser geschützt; das gleiche galt für ihre Kinder. Aus diesem Grund erreichten die Kinder sexuell attraktiver Frauen überproportional häufig das Erwachsenenalter und vererbten die genetische Veranlagung, den *ganzen* Monat hindurch, *während* der Schwangerschaft und *kurz nach* der Geburt zu kopulieren. Protohominide Frauen hatten ihre Hitzeperiode verloren.[11]

An dieser Stelle bleibt unklar, ob der Tauschhandel „Sex gegen Nahrung", auf dem diese Spekulation beruht, genügt, um den Ursprung der Kernfamilie zu erklären. Da andere monogame Primaten keine hohe sexuelle Aktivität zeigen, ist Sex zum einen vielleicht nicht nötig, um ein Paar zusammenzuhalten. Zum anderen kann man sich nur schwer vorstellen, daß eine erhöhte weibliche Paarungsbereitschaft Männer in eine Beziehung gelockt haben könnte, die ihnen über die sexuelle Befriedigung hinaus keine Vorteile brachte. Es muß im Zusammenhang mit dieser Beziehung Fortpflanzungsvorteile geben, und zwar nicht nur für den weiblichen, sondern auch für den männlichen Part. Die erfolgreiche Aufzucht von Nachkommen ist für beide Geschlechter von entscheidender Bedeutung; daher sieht man in der Bindung zwischen Männern und Frauen besser einen Vertrag auf Gegenseitigkeit statt eine weibliche List. Meridith Small schreibt in *Female Choices* (etwa: Weibliche Wahlmöglichkeiten): „Diejenigen, die argumentieren, daß Frauen Männer durch Sex umgarnen müssen, um sie dazu zu bringen, väterliche Fürsorge zu zeigen, übersehen die Tatsache, daß der männliche Reproduktionserfolg bei unserer Art ebenso von der elterlichen Fürsorge abhängt wie der weibliche. Wenn ein Mann sein Kind im Stich läßt, stirbt es wahrscheinlich. Daher müssen Frauen Männer nicht dazu verführen, bei ihnen zu bleiben und ihnen zu helfen; die natürliche Selektion wird in jedem Fall auf ein solches Verhalten hinwirken."[12]

MAKE LOVE, NOT WAR

Mein ursprünglicher Grund, Bonobos zu untersuchen, hatte wenig mit Sex zu tun – so dachte ich zumindest. Ich habe mich schon seit jeher für Aggressionsverhalten interessiert, besonders für die Art und Weise, in der Konflikte gelöst werden. Beispielsweise umarmen sich zwei Schimpansen häufig nach einem Streit und küssen sich. Weil ich annehme, daß dieses Verhalten dem Frieden und dem sozialen Beisammensein dient, habe ich es als Versöhnung bezeichnet. Jede Art, die Kooperation mit einem gewissen Konfliktpotential vereint, benötigt Versöhnungsmechanismen. Stellen Sie sich nur vor, wie kurz Ehen wären, wenn man nicht Bedauern über seine Handlungen ausdrücken oder Verletzungen wiedergutmachen könnte, die man einander zugefügt hat. Ich fand, daß jede der von mir untersuchten Primatenarten eine eigene, unverwechselbare Art und Weise der sozialen Wiedergutmachung besitzt (diese Befunde sind in meinem Buch *Wilde Diplomaten* zusammengefaßt). Bei Bonobos spielt Sex in dieser Hinsicht eine Schlüsselrolle.

Sobald sich die Pfleger im Zoo mit Futter nähern, bekommen die Bonobomänner eine Erektion. Schon bevor das Futter ins Gehege geworfen wird, fordern die Menschenaffen einander zum Sex auf: Männer laden Frauen ein, Frauen laden Männer ein, und häufig kommt es auch zum GG-Reiben unter Frauen. Worum geht es bei all diesem Sex? Die einfachste Erklärung wäre, daß sich Aufregung über Nahrung in sexuelle Erregung verwandelt, als ob sich die Begeisterung für Nahrung und Sex vermischte. Das könnte der Fall sein, aber der eigentliche Grund ist wahrscheinlich ein dritter Faktor: Konkurrenz.

Bei allen Tieren belastet attraktives Futter die Beziehungen untereinander. Zwei Gründe sprechen dafür, daß Bonobos auf diesen Umstand mit sexueller Aktivität reagieren. Erstens kann nicht nur Futter, sondern auch alles andere, was das Interesse von mehr als einem Tier erregt, sexuellen Kontakt auslösen. Wenn sich zum Beispiel zwei Bonobos neugierig einem Pappkarton im Gehege nähern, besteigen sie einander kurz, bevor sie mit dem Karton spielen. Ich habe sogar erwachsene Frauen GG-reiben sehen, als eine lediglich ein kleines Stück ausgefranste Schnur gefunden hatte und eine andere herbeieilte, um den Fund näher in Augenschein zu nehmen. Solche Situationen führen bei anderen Arten oft zu Streitereien, wohingegen Bonobos recht tolerant sind. Sie setzen Sex zur Ablenkung ein und um den Ton der Begegnung positiv zu beeinflussen.

Zweitens kommt es häufig in aggressiven Situationen, die nichts mit Nahrungsaufnahme zu tun haben, zu sexuellen Kontakten. Wenn ein Bonobomann zum Beispiel einen anderen von einer Frau verjagt hat, kann es geschehen, daß beide kurz darauf ihre Hodensäcke aneinanderreiben. Oder wenn eine Frau ein

Kind geschlagen hat und dessen Mutter ihm zur Hilfe eilt, kann das Problem durch intensives GG-Reiben beider Frauen gelöst werden. Auf der Basis Hunderter solcher Vorfälle hat meine Untersuchung zum erstenmal eindeutig belegen können, daß sexuelles Verhalten als Mechanismus zur Lösung sozialer Spannungen dienen kann. Nicht, daß diese Funktion bei anderen Tieren (oder beim Menschen) fehlte, aber die Kunst der sexuellen Versöhnung hat bei den Bonobos möglicherweise ihren evolutionären Höhepunkt erreicht.

So gesehen, bekommen viele Begegnungen eine besondere Bedeutung. Einmal beobachtete ich, wie ein jüngerer Bonobomann, Kako junior (Kakowets jüngster Sohn), der ältesten Frau, Leslie, auf einem Ast in die Quere kam. Sie stieß ihn zunächst einmal an. Kako, der im Klettern noch recht unsicher war, reagierte mit einem nervösen Grinsen und klammerte sich nur noch um so fester an: Daraufhin biß ihn Leslie leicht in die Hand, doch Kako quiekte lediglich laut auf, rührte sich aber nicht von der Stelle. Schließlich rieb Leslie ihre Vulva an seiner Schulter. Das beruhigte Kako, und er krabbelte beiseite. Nach menschlichem Ermessen sah es so aus, als wäre Leslie nahe darangewesen, Gewalt anzuwenden, doch statt dessen beruhigte sie sich selbst und den jungen Tolpatsch durch sexuellen Kontakt.

Der dominante Mann der Kolonie, Vernon, jagte den jüngeren Kalind regelmäßig in den trockenen Gehegegraben, als ob er ihn aus der Gruppe heraushalten wollte. Der junge Mann kletterte immer wieder aus dem Graben heraus, nur um von Vernon stante pede zurückgejagt zu werden. Nach einer Reihe solcher Vorfälle – manchmal mehr als ein Dutzend hintereinander – gab Vernon gewöhnlich nach. Er streichelte dann Kalinds Genitalien, rieb seinen Hodensack an dessen Skrotum oder kitzelte ihn heftig. Ohne einen solchen freundlichen Kontakt hätte Vernon Kalind nicht erlaubt, in die Gruppe zurückzukehren. Wenn Kalind wieder aus dem Graben herausgeklettert war, mußte er also erst einmal um den Boss herumhängen und auf eine freundliche Geste warten.

Bonobos ersetzen Rivalitäten durch sexuelle Aktivitäten. Sex unterdrückt die Konkurrenz beim Essen und erleichtert nach Kämpfen die Wiederannäherung. Eingedenk dieser versöhnlichen und beschwichtigenden Funktion überrascht es nicht, daß Sex in so vielen verschiedenen Partnerkombinationen ausgeübt wird; die Notwendigkeit einer friedlichen Koexistenz beschränkt sich offensichtlich nicht auf heterosexuelle Paare. In meiner Untersuchung kam es in Partnerkombinationen, die nicht zur Reproduktion führen konnten (wie zwischen zwei Männern oder zwei Frauen), ebenso häufig zu sexuellen Kontakten wie in potentiell fertilen Kombinationen. Dabei liegt die Betonung auf *potentiell* fertil. Da adulte Bonobofrauen nur während ein paar Tagen ihres Zyklus tatsächlich fruchtbar sind, kann nicht jede Kopulation zu einer Empfängnis führen. Schwellungen sind unzuverlässige Fruchtbarkeitsindikatoren; die Schwellungsphase ist weit länger als die Ovulationsperiode, und auch schwangere beziehungsweise stillende Frauen, die gar keinen Eisprung haben, tragen Schwellungen. Nach meinen Schätzungen hatten drei Viertel aller sexuellen Kontakte in der Kolonie nichts mit Fortpflanzung zu tun.

Daß Nahrung zu sexueller Aktivität statt zu offener Konkurrenz führt, ist nicht nur in Zoos und bei den angefütterten Bonobos in Wamba, sondern auch in

*Warum sollte diese Bonobofrau masturbieren, wenn nicht aus Lust? Bonobofrauen haben
eine ungewöhnlich stark entwickelte Klitoris und gehören zu den sexuell aktivsten Geschöp-
fen im Tierreich.*

Lomako dokumentiert worden. Dort beobachtete Nancy Thompson-Handler,
daß Bonobos sexuellen Kontakt aufnahmen, wenn sie reife Feigen tragende
Bäume erkletterten oder einer von ihnen einen Ducker gefangen hatte. Die libi-
dinöse Phase dauerte fünf bis zehn Minuten; anschließend ließen sich die Menschenaffen nieder, um gemeinsam zu schmausen.

Gelegentlich zeigen Bonobos, was Sex und Nahrung angeht, ein Verhalten, das
noch einen Schritt weitergeht – einen Schritt, der in der Tat sehr an das Szenario
der menschlichen Evolution gemahnt, das Lovejoy, Fisher und andere entwickelt
haben. Bonobofrauen, die sich Männern gegenüber noch nicht durchsetzen können – etwa, weil sie zu jung sind –, setzen Sex als „Waffe" ein. Als Loretta beispielsweise noch nicht den heutigen Königinnenstatus innehatte, schwankte ihre
Selbstsicherheit mit der Größe ihrer Schwellung. War sie gerade sexuell attraktiv
und der adulte Mann, Vernon, besaß begehrtes Futter, so näherte sie sich ihm
ohne Zögern, paarte sich hell quiekend mit ihm und entwand ihm sein ganzes Bündel Blätter und Zweige. Dabei blieb dem Mann kaum Zeit, sich einen Zweig her-
auszuziehen; manchmal grapschte Loretta ihm mitten beim Geschlechtsverkehr
das Futter aus der Hand. Ganz anders verhielt sie sich, wenn sie keine Schwellung
trug; dann wartete sie geduldig, bis Vernon von sich aus bereit war, zu teilen.

Ich photographierte einmal eine junge Bonobofrau, die grinsend und
quiekend mit einem Partner kopulierte, der in jeder Hand eine Orange hielt. Die
Frau hatte sich ihm präsentiert, sobald sie die Orangen entdeckt hatte. Als sie
den Schauplatz des Geschehens verließ, hatte sie eine der beiden Früchte ergat-
tert. Ich zeigte diese Aufnahme bei einem Fachvortrag, und wie eine Reaktion

aus dem Publikum bewies, ist Menschen dieses Verhaltensmuster durchaus vertraut. Als sich die Zuhörer direkt anschließend im Restaurant in die Schlange für das Mittagessen einreihten, sprang ein kräftiger Ethologe auf den Tisch und hielt zwei Orangen hoch. Gelächter rundum; unsere Art versteht rasch, wenn es um den Preis für sexuelle Dienstleistungen geht.

In seinem Buch *The Unknown Ape* beschreibt Suehisa Kuroda die folgenden Szenen am Futterplatz in Wamba:

> Eine junge Bonobofrau namens Mayu eilte herbei und starrte den Beta-Mann der Gruppe, Yasu, an, der mehrere Stücke Zuckerrohr gehortet hatte. Sie drehte sich herum, um ihre Schwellung zu präsentieren, und bewegte sich langsam auf den Mann zu. Yasu, der keine Erektion hatte, wandte sich ein wenig zur Seite, aber Mayus Hinterteil folgte ihm. Wenig später kopulierte er mit ihr. Daraufhin sah Mayu Yasu fest an, nahm ihm ein Stück Zuckerrohr aus der Hand und trollte sich. Es war fast so, als habe Mayu Yasu gezwungen, eine Paarung zu kaufen!
>
> Ich frage mich immer wieder, welchen Gewinn Männer eigentlich aus diesen sexuellen Kontakten ziehen: In den meisten Fällen sind die Begegnungen sehr kurz und enden offenbar nicht mit einer Ejakulation. Dennoch wissen die Bonobofrauen, daß Sex genug Toleranz bei den Männern erzeugt, um es den Frauen zu erlauben, ihnen Futter aus den Händen zu nehmen. Sie scheinen Sex aus diesem Grund zu suchen.
>
> Selbst dreijährige Kinder beherrschen diese Taktik bereits. Einmal bettelte Kagis Tochter einen jungen erwachsenen Mann, Jess, an und erhielt von ihm ein Stück Ananas. Sie bettelte wieder, aber diesmal hielt Jess die Ananas außer Reichweite. Da wandte sie sich um und präsentierte ihr Hinterteil, woraufhin Jess seinen erigierten Penis ein paar Mal gegen sie stieß. Daraufhin nahm sich das Kind ein großes Stück Ananas und ließ ihn in Ruhe.[13]

Sex als Mittel, Teilen zu fördern, Gefallen zu erhandeln, die Wogen zu glätten und sich nach einem Streit wieder zu versöhnen, ist der magische Schlüssel zur sozialen Organisation der Bonobogesellschaft. Obendrein kann sexuelle Anziehung vielleicht die einzigartige Trupporganisation dieser Art erklären. Erinnern Sie sich daran, daß gemischte Wandertrupps und Frauenbünde typisch für die Bonobogesellschaft sind. Die Integration junger Frauen in die örtliche Gemeinschaft wird durch häufiges GG-Reiben und Groomen erreicht. Sex verringert die Konkurrenz unter Frauen und erlaubt es ihnen, zusammen umherzuziehen und nach Nahrung zu suchen. Die Bonobofrauen sind die meiste Zeit an Sex untereinander interessiert wie auch für die Männer attraktiv. In diesen Trupps findet sich fast immer eine paarungsbereite Frau, die ihrerseits männliche Gesellschaft garantiert. Auch Schimpansenmänner begleiten Artgenossinnen mit Schwellungen, aber die Frauen ihrer Art sind viel seltener in diesem aufregenden Zustand. Bei Bonobos hat die gleiche sexuelle Attraktivität zusammen mit der verlängerten Bereitschaft zu einem fast kontinuierlichen Zusammenleben von Männern und Frauen geführt.

Unmöglich zu entscheiden, was zuerst da war – die Anziehung zwischen den Geschlechtern oder die Anziehung zwischen Frauen. Wenn an zoolebenden Bo-

nobos gewonnene Daten einen Hinweis liefern können, dann ist die weibliche
Bindung offenbar ein grundlegendes Merkmal der Bonobogesellschaft. Nach Beobachtungen von Amy Parish im Wild Animal Park von San Diego zeigen Bonobofrauen eine entschiedene Vorliebe für die Gesellschaft ihrer Geschlechtsgenossinnen. Im Park wurden acht verschiedene Gruppenzusammenstellungen aus-
probiert; meist umfaßten sie einen einzelnen erwachsenen Mann, zwei
erwachsene Frauen und eine Reihe noch nicht geschlechtsreifer Gruppenmitglieder. Die erwachsenen Partner variierten: Drei Männer und fünf Frauen nahmen
an der Rotation teil, wobei die Frauen stets die Wahl zwischen erwachsenen Partnern beiderlei Geschlechts hatten. Anschließend wurde registriert, wieviel Zeit
die Individuen zusammen verbrachten, wer sich wem näherte, welche Partner
einander groomten und so weiter. Aus dem umfangreichen Datenmaterial läßt
sich schließen, daß Bonobofrauen die Gesellschaft von Mitgliedern des eigenen
Geschlechts bevorzugen. Frauen saßen beträchtlich öfter zusammen, groomten
einander und spielten häufiger miteinander als mit dem Mann in ihrer Gruppe.
Sie suchten diese Kontakte aktiv: Die Frauen folgten einander siebenmal *häufiger*
als dem Mann. Da die Frauen sich auch mehr mit den noch nicht geschlechtsreifen jungen Gruppenmitgliedern (viele davon ihre Kinder) beschäftigen, spielen
adulte Männer für das Gruppenleben in der Regel nur eine periphere Rolle.

INTERVIEW MIT
AMY PARISH

PARISH: Es gibt starke Hinweise auf weibliche Bindung und Machtstellung, und sie mehren sich. Selbst in der älteren Literatur finden sich solche Hinweise, nur hat bisher niemand das ganze Puzzle zusammengefügt. Es gab auch verwirrende Elemente, die erst vor kurzem geklärt werden konnten. Beispielsweise stellte sich heraus, daß sich in Wamba Männer und Frauen häufiger zueinander gesellten [als Frauen], aber diese Daten schlossen Mutter-Sohn-Bindungen mit ein.

Die Bedeutung des GG-Reibens wurde für mich am deutlichsten, wenn die Gruppenzusammensetzung im Zoo von San Diego verändert wurde. Sofort im Anschluß an diese Veränderungen waren die Bonobofrauen offensichtlich noch nicht „gebunden". Sie zeigten jedoch Interesse am GG-Reiben miteinander. Besonders in einer Gruppe versuchten die Frauen bei jeder Gelegenheit, ihre Genitalien aneinanderzureiben. Der Gruppenmann, Vernon, mochte das gar nicht. Immer, wenn sie dieses Verhalten zeigten, führte er ein massives Imponiergehabe auf, schrie und sprang über sie, wobei er ihnen manchmal auf den Rücken schlug. Die Frauen begannen abzuwarten, taten so, als hätten sie alles andere im Sinn, als sich miteinander zu beschäftigen, und warteten, bis er hinter dem Hügel verschwunden war. Dann erhoben sich beide Frauen, sahen sich nach allen Seiten um, als ob sie gucken wollten, wo Vernon war, und verzogen sich rasch hinter einen Baum, um dort ihre Genitalien aneinanderzureiben.

Vernon konnte unmöglich 24 Stunden am Tag aufpassen. Nach einigen Wochen hatten die Frauen offenbar tatsächlich eine Bindung entwickelt, und Vernon gab seine Störversuche auf. Ich hatte das Gefühl, daß er sie vom GG-Reiben abzuhalten versuchte, weil dies Teil des Verhaltens ist, mit dem sie ihre Bindung entwickeln, was letztlich nicht in seinem Interesse ist, weil Bonobofrauen diese Bindungen einsetzen, um Männer vom Futter fernzuhalten und anzugreifen.

PARISH: Meine besten Daten stammen aus dem Stuttgarter Zoo, wo ich Experimente durchführte, diejenigen, wo Schimpansen und Bonobos nach Honig stochern konnten. In der Schimpansengruppe kam der Mann stets zuerst zum Zug, aber in der Bonobogruppe besaßen die Frauen die Priorität am Futterplatz. In dieser Situation kam es stets zu Sex zwischen den Frauen, besonders bevor sie zusammen aßen. Sex erleichterte offenbar ihre Beziehung untereinander und half ihnen somit, den Mann zu dominieren.

Ich habe ähnliche Situationen im Frankfurter Zoo und im Zoo von San Diego erlebt. Wenn das Zuckerrohr im San-Diego-Zoo gebündelt ins

Gehege geworfen wurde, war es in der Regel eine Bonobofrau, die danach griff. Die Frauen teilten das Futter dann unter sich, während Vernon, der Alpha-Mann, abseits saß. Es gab Tage, an denen die beiden erwachsenen Männer gar nichts abbekamen. Zur einzigen Ausnahme kam es, kurz nachdem die Gruppen, wie oben beschrieben, neu gemischt wurden. Die Frauen kannten sich noch nicht und hatten noch keine Bindungen untereinander entwickelt. Dann führte Vernon eine aggressive Imponiershow auf und beanspruchte das Futter für sich.

FdW: Du sagst, Bonobofrauen greifen Bonobomänner an. Kommt es dabei auch zu Verletzungen?
Parish: Die gegenwärtige Alpha-Frau im Stuttgarter Zoo dominiert eindeutig den erwachsenen Mann. Das gleiche gilt für die vorherige Alpha-Frau. Man vermutet, daß sie ihm seinen Penis fast durchgebissen hat. Sie griff den Mann ständig an, und eines Tages fand man seinen Penis sauber in zwei Hälften getrennt, die nur noch an einem dünnen Stück Haut zusammenhingen. Den Tierärzten gelang es, die Teile wieder aneinanderzunähen.

Im Frankfurter Zoo ist die Bonobofrau in der Menopause. Sie ist etwa 45 Jahre alt, die älteste in Gefangenschaft. Sie hat alle anderen Gruppenmitglieder, einschließlich ihrer drei Töchter, eindeutig dominiert. Die Frauen haben den Mann gelegentlich niedergehalten, ihn angegriffen und Teile seiner Finger und Zehen abgebissen.

Ich frage mich manchmal, ob die hohe Rate physischer Anomalien bei den Menschenaffen in Wamba nicht wenigstens teilweise auf weibliche Aggression zurückgehen könnte.

FdW: Warum wird die weibliche Bindung in der Bonobogesellschaft derart betont?
Parish: Die Frauen, die in einem männerphilopatrischen System [ein System, in dem Männer in ihrer Geburtsgruppe bleiben und in der Inzucht durch weibliche Migration vermieden wird] leben, müssen viele Nachteile in Kauf nehmen. Bei den Schimpansen hat dieses System Sinn, weil die Frauen sich auf solitäre Streifgebiete verteilen müssen, um genügend Nahrung zu finden. Der Lebensraum der Bonobos ist jedoch fruchtbarer, und dort können Frauen gemeinsam auf Nahrungssuche gehen; in einer solchen Umgebung ist es möglicherweise vorteilhafter für die Frauen, mit ihrer weiblichen Verwandtschaft zusammenzubleiben.

Warum haben Bonobos dann nicht ein frauenphilopatrisches System entwickelt – daß heißt ein System, in dem die Frauen in ihrer Geburtsgruppe bleiben? Vielleicht war es evolutionär zu kostspielig, die existierende Sozialordnung völlig umzukrempeln. Die nächstbeste Alternative für Frauen war es dann wohl, sich gegenüber nichtverwandten Geschlechtsgenossinnen in der Gruppe so zu verhalten wie gegenüber weiblichen Verwandten. Durch Simulieren eines frauenphilopatrischen Systems kamen sie in den Genuß

INZEST UND INFANTIZID

Es könnte bisher der Eindruck entstanden sein, daß Bonobos sexuell wahllos seien und keine Grenzen kennten. Man darf jedoch davon ausgehen, daß sie – vielleicht sogar recht stabile – Partnerpräferenzen haben und vor allem Inzest vermeiden, der zu Inzucht führt. Tiere haben in der Regel Hemmungen gegen Inzucht, da dies die Lebensfähigkeit ihrer Nachkommen beeinträchtigt. Die Hauptvorbeugemaßnahme bei Bonobos ist die weibliche Migration. Wenn eine heranwachsende Frau ihre Mutter und ihre Geschwister verläßt, um sich einer benachbarten Gemeinschaft anzuschließen, durchläuft sie eine schwierige Übergangsphase, die das Risiko ohne einen bedeutenden Vorteil sicherlich nicht wert wäre. Der Gegenwert besteht darin, daß sie sich mit nichtverwandten Männern paaren kann und damit Inzucht vermeidet.

Betont sei, daß ich bei dieser Diskussion über Bonobosexualität aus evolutionärer Sicht keinesfalls behaupten möchte, daß sich die Menschenaffen bewußt sind, warum sie so handeln, wie sie handeln. Man kann mit Sicherheit annehmen, daß wir die einzigen Geschöpfe auf Erden sind, die die Verbindung zwischen Sex und Zeugung kennen. Niemand glaubt, daß Bonobos oder andere Tiere irgendeine Ahnung von Genetik haben oder sich der schädlichen Wirkungen von Inzucht bewußt sind. Wenn Bonobofrauen emigrieren, so folgen sie lediglich einer Veranlagung, die von der natürlichen Selektion hervorgerufen worden ist: Im Verlauf der arteigenen Evolution hatten Frauen, die aus ihrer Geburtsgruppe auswanderten, gesündere Kinder als diejenigen, die blieben.

Es gibt keine Hinweise darauf, daß die Frauen aus ihrer Geburtsgruppe fortgejagt oder von Nachbarmännern gekidnappt werden. In einem bestimmten Alter werden sie einfach zu Vagabundinnen. Kano beschreibt die dramatische Veränderung in den sozialen Beziehungen, die das Wegziehen von zu Hause begleiten: „Wenn sich weibliche Bonobos der Pubertät nähern, werden sie ungeselliger als Männer. Sie halten sich am Rand der Gruppe auf und sitzen oft allein in einem Baum. Das ist möglicherweise eine Vorbereitung darauf, die Gruppe zu verlassen, und gelegentlich kommt es ganz plötzlich, nachdem ein weiblicher Bonobo die Pubertät erreicht hat, zur Emigration. (...) An einem bestimmten Punkt im Verlauf der Pubertät der Tochter wird die Mutter-Tochter-Beziehung vollständig aufgelöst."[14]

Als Chie Hashimoto und Takeshi Furuichi das Sexualverhalten von wilden Bonobos untersuchten, fanden sie, daß Bonobomänner mit dem Eintreten der Geschlechtsreife sexuell aktiver werden, Frauen hingegen nicht. Im Gegenteil, die Forscher sprechen von einem „sexuell inaktiven" Stadium bei präpubertären Frauen – sicherlich ein bemerkenswerter Zustand für einen Bonobo. Vielleicht hält das die Frauen davon ab, sexuelle Beziehungen mit ihren Brüdern oder möglichen Vätern einzugehen. Bonobofrauen verlassen ihre Geburtsgruppe gewöhnlich im Alter von sieben Jahren, wenn sie ihre erste kleine Schwellung entwickeln. Ausgestattet mit diesem wirksamen Paß werden sie zu Vagabundinnen oder „Floaters" (jemand, der oft seinen Wohnsitz oder seine Arbeit wechselt), die benachbarte Gemeinschaften besuchen, bevor sie sich auf Dauer einer solchen anschließen. Und ganz plötzlich blüht ihre Sexualität auf. Sie GG-reiben mit Bonobofrauen und paaren sich mit Männern, denen sie in fremden Waldregionen begegnen. Sie weisen nun regelmäßig und fast ständig Schwellungen auf, die bei jedem Zyklus wachsen, bis sie im Alter von etwa zehn Jahren ihre volle Größe erreichen. Ihren ersten Nachwuchs können sie mit dreizehn oder vierzehn Jahren erwarten.[15]

Möglicherweise wird die Sexualität einer jungen Frau unterdrückt, bis sie diese für die soziale Integration in einer Umgebung braucht, in der die Wahrscheinlichkeit, von einem Verwandten geschwängert zu werden, gering ist. Eine mehrjährige Verzögerung zwischen der ersten Schwellung und dem tatsächlichen Einsetzen der Menstruation (als die Phase der „adoleszenten Sterilität" bezeichnet) schützt sie in diesem Lebensabschnitt zusätzlich gegen eine unerwünschte Befruchtung.[16]

Für Bonobomänner ist die Situation eine völlig andere. Sie bleiben in ihrer Geburtsgruppe, und da sie nicht schwanger werden können, riskieren sie nichts, wenn sie Sex mit Verwandten haben. Es sind die Frauen der Gruppe, die durch solche Kontakte etwas zu verlieren haben. Wir nehmen daher an, daß es Hemmungen gegen Sex mit der Mutter oder den Schwestern gibt. Diese Hemmungen könnten durch frühe Vertrautheit aufgebaut werden – das ist vermutlich der Basismechanismus, der der Inzestvermeidung bei einem breiten Spektrum von Arten, einschließlich der unsrigen, zugrunde liegt. Das Prinzip ist einfach: Individuen des anderen Geschlechts, mit denen man von Kindesbeinen an aufgewachsen ist, erregen keine sexuellen Gefühle. Wird dieser Prozeß unterbrochen – zum Beispiel, wenn junge Menschenaffen in der Zookinderstube aufwachsen –, ist Sex zwischen Verwandten nicht derart ungewöhnlich. Ohne einen gemeinsamen „familiären" Hintergrund gibt es praktisch keine Möglichkeit zu wissen, mit wem man verwandt sein könnte. Gewöhnlich ist frühe Vertrautheit für die Beziehungen zwischen Männern und eng verwandten Frauen typisch und hält sie davon ab, sich miteinander fortzupflanzen.[17]

Hashimoto und Furuichi berichten zwar von genitalen Kontakten zwischen Mutter und Sohn, aber nur im frühen Alter und mehr im Sinn einer Selbstbestätigung als aus sexuellen Motiven: „In allen Fällen, an denen männliche Bonobos jünger als zwei Jahre beteiligt waren, hielten Mütter ihren Sohn ventro-ventral (Bauch zu Bauch) und rieben seine Genitalien gegen ihre eigenen Genitalien.

Im abendländischen Denken sind Affen in der Vergangenheit immer mit Lust, Vergewaltigung und sexueller Ausschweifung in Verbindung gebracht worden. Im 17. Jahrhundert hieß es beispielsweise, die Satyraffen auf der mythischen Satyrideninsel vor der indischen Küste würden Frauen verführen. Dieser alte Stich zeigt ein solches Geschöpf, vollständig ausgestattet mit Flöte, Schwanz und bonoboartigem Penis. (Aus: Edward Topsell, The History of Foure-footed Beastes, *London 1607)*

Es sah so aus, als ob es den Müttern darum ginge, ihre eigene emotionale Erregung zu dämpfen, denn dieses Verhalten trat nur in gespannten Situationen auf, zum Beispiel, wenn sie zur Futterstelle kamen oder in Auseinandersetzungen verwickelt gewesen waren."[18]

Sobald sie älter als zwei Jahre sind, suchen junge Männer in zunehmendem Maß sexuelle Beziehungen zu Frauen, aber praktisch niemals zu ihren Müttern. Da Kano bei 137 Mutter-Sohn-Einheiten nur 5 solcher Fälle beobachtet hat, zieht er den Schluß, daß die Inzestvermeidung bereits in frühem Kindesalter etabliert wird. Wenn die jungen Männer vier bis fünf Jahre alt sind, hat sich ihr Sexualverhalten weitgehend demjenigen erwachsener Männer angeglichen. Frauen mit Schwellungen erwecken oft die Begehrlichkeit dieser kleinen Don Juans, die sie in arttypischer Manier mit gespreizten Beinen und erigiertem Penis „anmachen". Sie wissen bereits, wie man den Penis in verschiedenen Positionen einführt.

Während der Adoleszenz eines männlichen Bonobo nimmt die sexuelle Betätigung stark ab, denn es sind in der Regel die dominanten Männer, die den Kern der Wandertrupps okkupieren, wo die Frauen sind.[19] Erst wenn die Männer das Erwachsenenalter erreichen und im Rang steigen, erhalten sie wieder Zugang zu paarungsbereiten Frauen. Nicht, daß männliche Bonobos hinsichtlich sexueller Privilegien besonders egalitär wären. Im Gegensatz zu ihrem friedfertigen Image entspricht die Art dem im Tierreich allgemein üblichen Muster von der männlichen Konkurrenz um Weibchen. Bonobomänner konkurrieren vielleicht weniger heftig als Schimpansenmänner, aber ein aktueller Bericht aus Wamba läßt keinen Zweifel daran, daß sich dominante Männer öfter paaren als andere. Da die beiden höchstrangigen Männer in einem Wandertrupp in der Regel einen Großteil der Paarungen unter sich abmachen, nimmt man an, daß sie die sexuelle Aktivität anderer Männer unterdrücken.

Dennoch wird nur ein kleiner Bruchteil der Kopulationen aggressiv unterbrochen. Die sexuelle Konkurrenz muß daher recht subtil sein und eher auf der Furcht davor beruhen, was passieren könnte, als auf wirklichen Kämpfen. Niederrangige Männer lernen, ihre sexuellen Affären zu verheimlichen, und entwickeln einfallsreiche und raffinierte Taktiken, um Frauen für sich zu gewinnen. In einem Fall wartete ein Bonobomann namens Mituo, bis sich der Alpha-Mann des Trupps von der sexuell attraktiven Miso entfernte. Daraufhin erklomm Mituo den Baum, in dem Miso saß, kletterte aber an ihr vorbei und weiter, bis er sich etwa vier Meter über ihr befand. Nach einer Weile zog er einen Ast über seinem Kopf herab, brach einen Zweig ab und ließ ihn fallen. Der Zweig fiel auf den Boden, und ihm folgten drei weitere, die alle die schmausende Miso knapp verfehlten. Sie mußte bemerkt haben, was vor sich ging, blickte aber nur einmal kurz nach oben. Mituo wiegte seinen Körper leicht hin und her und ließ mehrere weitere Zweige fallen, alles ohne einen Laut, bis – etwa vier Minuten nachdem der Zweigregen begonnen hatte – Miso den Baum hinaufkletterte und sich dem Mann präsentierte. Sofort nach der Kopulation kletterte sie auf den Boden herab, während Mituo im Baum blieb. Der Alpha-Mann hatte nicht das geringste bemerkt.[20]

Wie passend, daß das erste dokumentierte Beispiel für so etwas wie Werkzeuggebrauch bei Bonobos im Zusammenhang mit Sex stehen sollte! Die Tatsache, daß niederrangige Männer in Gegenwart hochrangiger Männer vorsichtig sein müssen und letztere sich öfter paaren, deutet darauf hin, daß die sexuelle Konkurrenz unter Bonobos intensiver ist als früher angenommen. Sie läßt weiterhin den Schluß zu, daß die weibliche Einmischung in männliche Statuskämpfe (siehe oben) ein Weg sein könnte, den Reproduktionserfolg über die Söhne zu erhöhen. Die natürliche Selektion könnte Bonobofrauen begünstigt haben, ihre Energie in die Karriere ihrer Söhne zu investieren, wenn ihnen diese Strategie zu mehr Enkelkindern verhilft.

Wenn man die Häufigkeit von Paarungen zwischen Bonobos und die Tatsache berücksichtigt, daß sich die weibliche Bereitschaft zu Sexualkontakten deutlich über die kurze Periode der Ovulation hinaus erstreckt, müßte ein Mann, der seinen Nachwuchs kennt, ein Genie sein. Er müßte – vielleicht auf der Basis von beobachteten Menstruationen und Geburten – berechnen, welche Frauen gerade fruchtbar sind, und sie als Geschlechtspartnerinnen bevorzugen oder sich zumindest erinnern, wann er mit ihnen Geschlechtsverkehr hatte. Das tun männliche Bonobos offensichtlich nicht; sie werden von großen Schwellungen lediglich unwiderstehlich angezogen. Daß selbst schwangere Bonobofrauen diese „Fruchtbarkeitszeichen" zur Schau stellen, macht keinen Unterschied. Daher kann ein Bonobomann nicht wissen, welche Paarung zu einer Empfängnis führen könnte und welche nicht. Fast jedes Kind, das in der Gruppe aufwächst, könnte sein Kind sein, aber es könnte ebensogut von fast jedem anderen Mann – einschließlich Männern aus Nachbarterritorien – stammen, da sich die verschiedenen Kommunen gelegentlich mischen.

(Fortsetzung auf Seite 122)

INFANTIZID

Wenn ein Langurenmännchen den ursprünglichen Haremshalter besiegt hat und dessen Harem von Weibchen übernimmt, bringt es als erstes die Kinder in der Gruppe um. Es reißt sie vom Bauch ihrer Mütter und tötet sie mit seinen scharfen Eckzähnen. Im Jahr 1967 diskutierte der japanische Primatologe Yukimaru Sugiyama seine überraschende Entdeckung:

> Warum tötet der neue Anführer alle Kinder? Die Tatsache, daß der neue Anführer alle Kinder totbiß (...) und die Tatsache, daß viele der Weibchen, die ihr Kind verloren hatten, in Hitze gerieten und mit dem neuen Männchen kopulierten, könnten korreliert sein. Da ein Langurenweibchen gewöhnlich alle zwei bis drei Jahre Jahre Nachwuchs hat, wenn es sein Kind nicht verliert, führt der Verlust des Kindes dazu, daß sich der Östrus des Weibchens vorverlagert.[21]

Diese Überlegung, die auf eine evolutionäre Erklärung des Infantizids (Kindestötung) bei Primaten und anderen Säugern abzielt, setzte eine Kontroverse in Gang, die bis heute noch nicht abgeklungen ist. Die erste Streitfrage dreht sich darum, wie repräsentativ Sugiyamas Beobachtungen und die anderer Forscher sind. Ich erinnere mich noch an das Pandämonium, das regelmäßig auf wissenschaftlichen Treffen ausbrach, sobald über vermutete Infantizide berichtet wurde (oft blieb die eigentliche Tötung unbeobachtet: Alles, was das Auditorium zu sehen bekam, waren Postmortem-Befunde). Meinungsverschiedenheiten zum Thema Kindestötungen wurden (und werden) mit fast ideologischem Eifer ausgetragen, wobei ein Lager bereit ist, solche Vorfälle als regelmäßig auftretendes Phänomen zu akzeptieren, und nach Gründen sucht, wohingegen das andere Lager ein derartiges Verhalten als Verirrung ansieht: als ein pathologisches Verhalten, für das es in ihrer Sicht der Natur keinen Platz gibt.

Zweifel darüber, ob der Infantizid bei freilebenden Tieren ein echtes Phänomen ist, sind inzwischen weitgehend ausgeräumt worden. Wir wissen heute, daß Infantizide bei einem breiten Spektrum von Tierarten vorkommen, von Löwen bis zu Präriehunden, von Mäusen bis zu Gorillas. Aktuelle Schätzungen von Infantiziden als Ursache der Kindersterblichkeit (das heißt, der Zahl von Kindern, die den Angriffen von Artgenossen erliegen, in Prozent der Gesamtzahl aller Todesfälle unter Kindern) kommen zu erstaunlichen Ergebnissen: 35 Prozent bei Grauen Languren (auch Hanumanlanguren genannt), 37 Prozent bei Berggorillas*, 43 Prozent bei Roten Brüllaffen und 29 Prozent bei Diademmeerkatzen.[22]

Die am häufigsten zitierte Erklärung ist die von Sarah Blaffer Hrdy vertretene These, daß das Töten von Kindern durch Männchen das Produkt einer sexuellen Zuchtwahl ist. Männchen, die Kinder umbringen, sind gegenüber anderen Männchen im Vorteil, denn sie eliminieren nicht nur die Nachkommen ihrer Rivalen, sondern sie verkürzen gleichzeitig auch ihre eigene Wartezeit, weil sie die Weibchen, deren Nachwuchs sie umgebracht haben, früher wieder befruchten können. Wenn sich die Gene infantizidaler Männchen schneller ausbreiten als diejenigen nicht derart mörderisch veranlagter Männchen, wird dieses Merkmal durch die natürliche Selektion gefördert. Natürlich ist zu erwarten, daß die Männchen auf Kinder abzielen, die höchstwahrscheinlich nicht die eigenen sind, beispielsweise auf Kinder, die von fremden Weibchen getragen werden. Gestützt auf eine fast zwanzigjährige Datenerhebung bei Grauen Languren in der Region um Jodhpur, Indien, hat Volker Sommer die bisher stärksten Hinweise für die These erbracht, daß Kindestötung eine männliche Fortpflanzungsstrategie ist.

Infantizide unter Gorillas und Schimpansen sind gut bekannt. Der erste Hinweis kam in den frühen siebziger Jahren von Akira Suzuki, der einen großen erwachsenen Schimpansenmann im Wald von Budongo beobachtete, der ein teilweise aufgegessenes Schimpansenkind trug. Andere Männer hielten sich in der Nähe auf, und der Leichnam wanderte zwischen ihnen hin und her. Dian Fossey beobachtete, wie ein solitärer Silberrückengorilla einen heftigen Angriff führte und gewaltsam in einen Trupp eindrang. Eine Gorillafrau, die in der Nacht zuvor niedergekommen war, startete einen Gegenangriff, indem sie ihm entgegenrannte, sich aufrichtete und gegen ihre Brust trommelte. Das Neugeborene an ihrem exponierten Bauch wurde von dem Silberrücken erschlagen: Es starb mit einem Wimmern.

Inzwischen gibt es zahlreiche weitere Beobachtungen und Hinweise auf Infantizide bei wilden Gorillas und Schimpansen, darunter auch einen Vor-

---

* Im Fall der Berggorillas, beispielsweise, heißt das, daß von 100 umgekommenen Gorillakindern 37 männlicher Gewalt zum Opfer fielen, während 63 an anderen Ursachen (Krankheit, Unfälle usw.) starben. (Anm. d. Üb.)

fall, der in den Mahalebergen gefilmt wurde. Natürlich wirkt Kindestötung auf einen menschlichen Beobachter abstoßend, und eine Feldforscherin, die Schimpansen untersuchte, konnte der Versuchung nicht widerstehen und griff ein:

> Mariko Hiraiwa-Hasegawa beobachtete, wie mehrere Gorillamänner eine Gorillafrau umringten, die auf dem Boden kroch und ihr Kind verbarg, während sie heftig keuchend grunzte [eine unterwürfige Lautäußerung]. Dennoch griffen die schurkischen Männer die Mutter einer nach dem anderen an und packten ihr Kind. Als Hasegawa das sah, vergaß sie einen Moment lang ihre Stellung als Forscherin und intervenierte. Bewaffnet mit einem Stück Holz, trat sie den Männern entgegen, um die Mutter und ihr Kind zu retten.[23]

Wenn Bonobos tatsächlich keinen Infantizid kennen, müssen wir erklären, warum sich diese Art von den übrigen afrikanischen Menschenaffen wie auch von einem anderen engen Verwandten, dem Menschen, unterscheidet. Von König Herodes bis zu den Kinderschändern unserer modernen Gesellschaft – die Bedrohung des Lebens menschlicher Babys ist nur allzu real. Wie sind die Bonobos diesem Fluch entkommen? Fehlen Bonobomännern einfach derart infantizidale Neigungen, oder haben die Frauen effiziente Gegenstrategien entwickelt? Vielleicht trifft beides zu: Wenn Frauen einen Weg finden, sich gegen Infantizid zu schützen, könnte es sein, daß diese Veranlagung bei den Männern mit der Zeit verschwindet.

Im Augenblick haben wir mehr Fragen als Antworten, aber es könnte sich herausstellen, daß der Infantizid den Schlüssel zu einer evolutionären Kosten-Nutzen-Analyse der Bonobogesellschaft liefert.

Wenn man ein soziales System entwerfen wollte, in dem die Vaterschaft im unklaren bleibt, könnte man kaum etwas Besseres erfinden, als es die Natur mit der Bonobogesellschaft getan hat. Wissenschaftler wie Kano, Wrangham und Parish vermuten, daß genau darin der Sinn der ausgedehnten Paarungsbereitschaft liegt.[24] Es könnte für Bonobofrauen von Vorteil sein, die Männer durch eine fast ständige Schwellung zu häufigem Sex zu verführen. Nochmals, das hat nichts mit bewußter Irreführung zu tun, sondern ist nur eine systematische Vortäuschung von Fruchtbarkeit im Dienst der weiblichen Fortpflanzung.

Auf den ersten Blick erscheint diese These verwirrend. Was könnte falsch daran sein, die Männer wissen zu lassen, welche Nachkommen sie gezeugt haben? Wenn Vaterschaft auch niemals so sicher ist wie Mutterschaft, kommt unsere Art nicht recht gut zurecht mit einer relativ hohen Sicherheit im Hinblick auf die Vaterschaft?

Das ist richtig, aber bevor wir die Bonobos mit uns vergleichen, lassen Sie uns zuerst einen Blick auf ihre engsten Verwandten werfen. Die schockierende Wahrheit ist: Wir wissen, daß Schimpansenmänner wie auch die Männchen einer Reihe anderer Tierarten Neugeborene brutal umbringen. Sie tun so etwas nicht häufig, aber immerhin so häufig, daß dieses Verhalten für das weibliche Geschlecht ein großes Problem darstellt. Und damit meine ich nicht nur das Trauma des schmerzlichen Verlustes. In der kalten Sprache der genetischen Evolution ist das, was stärker zählt, der Rückschlag beim Fortpflanzungserfolg und der Verlust des Investments in Schwangerschaft und Stillzeit. Biologen gehen davon aus, daß ein Verhalten, das regelmäßig auftritt, dem Durchführenden einen Vorteil verschaffen muß, sonst würde es sich niemals entwickelt haben. Welchen Gewinn könnten infantizidale Männchen aus ihrem Verhalten ziehen? Man hat spekuliert, daß sie das Weibchen zwingen, seinen Reproduktionszyklus von neuem zu beginnen. Indem die Männchen das Neugeborene töten, stellen sie sicher, daß das Weibchen ihnen bald wieder für Sex und Fortpflanzung zur Verfügung steht. Statt jahrelang darauf zu warten, daß das Weibchen seinen Zyklus wiederaufnimmt, verbessert das infantizidale Männchen praktisch auf der Stelle seine Fortpflanzungschancen.

Bisher ist dies die einzige plausible Erklärung für den Infantizid, auf die Evolutionsbiologen gekommen sind. Es ist der Versuch, einen Akt zu erklären, der von fast jeder anderen Warte aus betrachtet sinnlos erscheint. Das vorgeschlagene Schema funktioniert jedoch nur, wenn ein Männchen relativ sicher sein kann, daß es nicht selbst der Vater des Kindes ist, das es tötet. Männchen, die sich in dieser Beziehung öfter irren, wären bei der Weitergabe ihrer Gene sicherlich nicht sehr erfolgreich. Um sicherzugehen, sollten Männchen daher bevorzugt die Kinder fremder Weibchen oder von Weibchen töten, die mit Nachbarmännchen herumgezogen sind. Ein Weibchen, das sich ständig im eigenen Territorium aufhielt, wäre nur für diejenigen Männchen ein geeignetes Ziel, denen es nicht gelungen ist, es zu befruchten. Vielleicht folgen Schimpansenmänner einer Faustregel, die sie die Kinder von Frauen, mit denen sie sich gepaart haben, anders behandeln läßt als Kinder von Frauen, mit denen sie noch nie Sex hatten.

Wenn man diese männliche Veranlagung berücksichtigt, ist es nicht verwunderlich, daß sich Schimpansenfrauen nach einer Geburt jahrelang von großen Ansammlungen ihrer Artgenossen fernhalten. Isolation ist möglicherweise ihre Hauptstrategie, um einem Infantizid vorzubeugen. Schimpansenfrauen entwickeln erst gegen Ende der Stillperiode, nach drei oder vier Jahren, erneut Schwellungen. Bis zu diesem Zeitpunkt haben sie Männern, die sich paaren wollen, weder etwas zu bieten, noch haben sie eine effektive Möglichkeit, aggressiv gelaunte Männer umzustimmen. Schimpansenfrauen verbringen daher einen Großteil ihres Lebens allein mit ihrem noch nicht selbständigen Nachwuchs.

Bonobofrauen hingegen kehren direkt nach der Geburt ihres Kindes in ihre Gruppe zurück und kopulieren bereits nach wenigen Monaten wieder. Sie haben es geschafft, die Vaterschaft so zweifelhaft zu machen, daß sie für das Neugeborene wenig zu fürchten haben. Bonobomänner haben keine Chance zu wissen, welche Kinder die eigenen sind und welche nicht. Da Bonobofrauen zudem in der Regel dominant sind, ist es riskant, sie oder ihre Kinder anzugreifen. Falls ein Mann eine verdächtige Bewegung machte, schlössen sich die Frauen höchstwahrscheinlich zur Verteidigung zusammen. Das wissen wir jedoch nicht sicher, weil bei dieser Art bisher noch nie eine Kindestötung beobachtet wurde. Vielleicht ist die weibliche Gegenstrategie so wirksam, daß nicht einmal Versuche in dieser Richtung stattfinden. Leider ist es unmöglich, zu beweisen, daß ein Verhalten x nicht auftritt, weil Reaktion y ebenfalls nicht auftritt, aber es lohnt sich, in diesem Sinn weiterzudenken. Die relativ sorgenfreie Existenz, deren sich weibliche Bonobos erfreuen, steht in scharfem Gegensatz zu dem Risiko, dem Schimpansenfrauen ausgesetzt sind. Die Prämie, die die Evolution ausgesetzt haben muß, um dem Infantizid Einhalt zu gebieten, ist – wenigstens, was die Frauen angeht – kaum zu hoch anzusetzen.

INTIME BEZIEHUNGEN

Ein erwachsener Bonobomann groomt eine erwachsene Frau (man beachte die stark ausgeprägten Brüste). Untersuchungen an gefangenen Menschenaffen zeigen, daß die Männer Kontakt zu Frauen suchen, die Frauen jedoch die Gesellschaft ihrer Geschlechtsgenossinnen vorziehen – eine erstaunliche Präferenz, wenn man bedenkt, daß die Frauen auch das migrierende Geschlecht darstellen und daher nicht miteinander verwandt sind. Die Bindung unter Frauen stellt vielleicht den wichtigsten Unterschied zwischen Bonobos und Schimpansen dar.

Eine Bonobofrau erklimmt einen Baum (o b e n). Die geringe Größe ihres Kindes (von dem nur Hände und Füße zu erkennen sind) zeigt mit großer Wahrscheinlichkeit an, daß sie im Augenblick unfruchtbar ist, dennoch weist sie eine Genitalschwellung auf. Der Mann (r e c h t s) trägt Zuckerrohrstücke, während er eine Erektion präsentiert und eine Frau in typischer Bonobomanier zum Sex einlädt.
F o l g e n d e S e i t e: Zwei Bonobofrauen sind intensiv mit GG-Reiben beschäftigt, während sich zwei neugierige junge Bonobos nähern. Oft sind mehr als zwei Tiere an Sexualkontakten beteiligt; gerade junge Bonobos zeigen sich daran sehr interessiert.

O b e n: *Juvenile Bonobos fangen früh mit Sexspielen an.*
R e c h t s: *Eine Bonobofrau führt eine andere an einen stillen Ort, um mit ihr ungestört GG-reiben zu können. Zu dem Zeitpunkt, als diese Aufnahme im Wild Animal Park von San Diego gemacht wurde, störte ein Mann systematisch alle Intimitäten unter Frauen. Sobald die Frauen jedoch erst einmal die Oberhand gewonnen hatten, hörten diese Interventionen auf, und die Frauen konnten in aller Öffentlichkeit GG-reiben.*

KAPITEL 5

BONOBOS UND WIR

Kein einziger der existierenden menschenähnlichen Menschenaffen gehört zu den direkten Vorfahren der menschlichen Rasse; sie alle sind die verstreuten Überreste eines alten, einst umfangreichen Catarrhinen-Zweiges, von dem sich die menschliche Rasse als spezieller Zweig und in eine spezielle Richtung entwickelt hat.

Ernst Haeckel, 1896

Einige menschliche Gesellschaften kannten eine außerordentliche sexuelle Freizügigkeit. Das galt besonders für die Völker des Pazifiks, bevor die Weißen kamen, die nicht nur viktorianische Moralvorstellungen mitbrachten, sondern auch Geschlechtskrankheiten einschleppten. Laut Bronislaw Malinowski kannten die Kulturen in dieser Region wenig Tabus und kaum Hemmungen. Die sexuelle Liberalität der Hawaiianer erschien dem amerikanischen Sexualforscher Milton Diamond derart bemerkenswert, daß er Sex als „Balsam und Bindemittel der ganzen Gesellschaft" bezeichnete.[1]

Vielleicht steckt in jedem von uns ein Bonobo, wie Teilnehmer eines Symposiums über die menschliche Sexualität einmal spekulierten. Selbst wenn Menschen sexuelle Kontakte nicht derart öffentlich wie Bonobos pflegen, in der Intimsphäre ihres Zuhauses findet ähnliches statt. Es kommt sicher nicht von ungefähr, daß die Franzosen von „la réconciliation sur l'oreiller", von der Versöhnung auf dem Kopfkissen, sprechen. Wir sind deshalb sosehr von Bonobos fasziniert, weil wir uns bewußt oder unbewußt in der Art und Weise wiedererkennen, in der Sex ihre sozialen Beziehungen prägt. Es gab eine Zeit, in der solche Themen nicht offen diskutiert werden konnten, nicht einmal im Hinblick auf Tiere. Tierische Sexualität wurde auf Abstand gehalten; sie erinnerte uns zu sehr an eigene fleischliche Gelüste. Wie schon der alte taxonomische Name des Schimpansen, *Pan satyrus*, andeutet, galten Affen allgemein als lüstern. Reynolds schreibt diese schlechte Meinung, die auf die frühen Christen zurückgeht, der Zügelung des „sexuellen

Ein Bonobomann nimmt intensiven Augenkontakt mit einem Kind auf, das sein eigenes sein könnte. Wenn man das Sexualverhalten der Art berücksichtigt, ist es jedoch höchst unwahrscheinlich, daß ein Mann eigene Nachkommen von denen anderer Männer unterscheiden kann.

Appetits" zu, die mit dem Aufstieg des Christentums einherging. Selbstverleugnung wurde zu einem Quell der Stärke. Jede Art von Befriedigung, einschließlich sexueller Lust, erforderte eine moralische Rechtfertigung. Zuvor hatten Affen als frech und amüsant gegolten; nun galten sie als verachtenswert:

> Das frühe Christentum lehrte, daß sexuelles Verhalten, ausgenommen zum Zwecke der Fortpflanzung und innerhalb der Ehe, Sünde sei, und obgleich diese Vorstellung für die meisten vernünftigen Heiden jener Zeit frustrierend gewesen sein muß, gewann sie mit der Verbreitung der neuen Religion an Gewicht und ist in der christlichen Welt auch heute noch weit verbreitet. Diese Frustration fand ein gewisses Ventil in der Aggressivität der Christen gegenüber anderen religiösen Gruppen, von denen die meisten den natürlichen Bedürfnissen des Menschen gegenüber toleranter waren. Und sie zeigte sich auch in kleineren Dingen, wie in der Haltung der Menschen gegenüber den Affen. Denn die Merkmale der Affen, die die Menschen im Altertum belustigt hatten – ihre Imitationsgabe, ihre Gier und ihre Sexualität –, amüsierten die Christen keineswegs; diese Eigenschaften nahmen nun düstere Proportionen an; sie wurden zu Sünden erklärt, für die die Seele eines Menschen auf ewig im Höllenfeuer schmoren müßte. Von einem Possenreißer verwandelte sich der Affe in nichts weniger als ein Symbol für den Teufel selbst.[2]

Offenbar können Menschen die Natur nicht ohne Vorurteile sehen. Wir verehren Tiere – wie die fleißige Biene –, die so sind, wie wir gern sein würden, und wir schmähen Tiere – wie das völlende Schwein –, die Triebe verkörpern, die wir zu unterdrücken suchen. Auch die Wissenschaft ist nicht völlig neutral: Ihr Interesse richtet sich oft nach den soziokulturellen Modeströmungen. Daher waren Studenten der Verhaltensbiologie in den Nachkriegsjahren, erschreckt von der menschlichen Fähigkeit zum Bösen, fasziniert von der angeborenen Natur der Aggression. Und während der Wiederbelebung der Ideologien des freien Markts und des Niedergangs des Kommunismus in den siebziger und achtziger Jahren erhoben Neodarwinisten die Verfolgung des Eigennutzes zum Leitprinzip der Natur.

So gesehen, betritt der Bonobo die Bühne an einem interessanten historischen Wendepunkt. Zuerst und vor allem sind die aktuellen Befunde offenbar ein verspätetes Geschenk der Wissenschaft an die feministische Bewegung: Sie liefern eine konkrete Alternative zu evolutionären „Macho-Modellen", die aus dem Verhalten von Pavianen und Schimpansen hergeleitet wurden. Zweitens warfen Bonobos die Vorstellung gründlich über den Haufen, daß Sex ausschließlich zur Fortpflanzung diene. Von nun an dürfte sich jeder Bezug auf die Biologie zur Stützung dieser Behauptung als Eigentor erweisen: Wenn etwas bei einem Tier, das 98 Prozent seiner genetischen Ausstattung mit uns teilt, so eindeutig unzutreffend ist, dann könnte es sich herausstellen, daß es auch für uns nicht zutrifft.

Doch selbst wenn sich die psychologischen Mechanismen, die es erlauben, sexuelles Verhalten für andere Zwecke als zur Fortpflanzung zu benutzen, von einem gemeinsamen Vorfahren ableiten, ist die spezielle Rolle, die Sex in der menschlichen Gesellschaft spielt, von einer evolutionären und kulturellen Geschichte geprägt, die seit Millionen von Jahren getrennt von derjenigen unserer

engsten Verwandten verlaufen ist. Das bemerkenswerteste Produkt dieser Evolution ist die Kernfamilie.

FAMILIENWERTE

Aus weiblicher Sicht erscheint die Schimpansengesellschaft als ziemlich stressige
Angelegenheit. Männliche Schimpansen teilen zwar ihre Nahrung mit Schimpansenfrauen und verstehen sich die meiste Zeit gut mit ihnen, aber sie sind überwäl-
tigend dominant, und statt bei der Kinderaufzucht zu helfen, stellen sie manchmal eine Bedrohung für den Nachwuchs dar. Die Bonobogesellschaft bietet
Frauen eine viel entspanntere Existenz. Frauen kontrollieren die Ressourcen, dominieren die Männer und müssen, abgesehen von den Karrieren ihrer Söhne, um
kaum etwas konkurrieren. Das reiche Waldhabitat der Bonobos erlaubt offenbar
eine solche Organisation.

Unsere Vorfahren haben sich jedoch an eine viel rauhere Umwelt angepaßt.
Es ist zweifelhaft, ob ein bonoboartiger Primat in einem Savannenhabitat überleben und gleichzeitig sein Sozialsystem hätte intakt halten können. In der
Steppe ist die Nahrung weiter verstreut, was längere Wege bedeutet, besonders
dann, wenn viele Mäuler zu stopfen sind. Wenn man davon ausgeht, daß Frauen
und Kinder in der offenen Steppe durch Raubtiere gefährdet waren, konnten sie
sich dann weit vom schützenden Waldrand entfernen? Bonobos sind vielleicht
schnell, aber sie sind keine Gazellen; ein junger Bonobo wäre eine leichte Beute
gewesen. Möglicherweise hätten mehrere agile Männer die Gruppe schützen
und helfen können, die Kinder in Sicherheit zu bringen. Doch irgendwie kann
ich mir nur schwer vorstellen, daß sozial am Rand stehende Gruppenmitglieder,
die ähnlich wie die Bonobomänner über ihre Vaterschaft im Ungewissen gelassen wurden, für die Frauen eine große Hilfe gewesen wären.

Schimpansenmänner hingegen jagen zusammen, zetteln Kriege um territorialen Besitz an und erfreuen sich einer halb freundschaftlichen, halb auf Konkurrenz ausgerichteten Kameraderie. Ihre kooperative, handlungsorientierte
Existenz ähnelt der von Männern, die sich in unserer modernen Gesellschaft
mit anderen Männern zu Teams zusammenschließen, innerhalb deren sie konkurrieren, während sie gemeinsam andere Teams bekämpfen. Daß man die gleiche delikate Balance zwischen internem Machtkampf und Einheit nach außen
bei männlichen Schimpansen findet, macht ihr Sozialsystem zu dem men-
schenähnlichsten aller Menschenaffen. Dennoch trennt uns ein breiter Graben,
wenn es um die Versorgung des Nachwuchses geht, die bei Schimpansen allein
Sache der Frauen ist. Wenn das Leben in der Savanne tatsächlich die Frauen von
den Männern abhängig macht, hätte ein Erfolg des Schimpansen in diesem Lebensraum eine Lösung für das Problem erfordert, das sich aus der erzwungenen
Nähe zwischen Müttern und potentiell infantizidalen Männern ergibt. Das gegenwärtige Sozialsystem der Schimpansen ist an ein Habitat mit weitverstreu-
ten Nahrungsquellen angepaßt, die es den Frauen erlauben, auf eigene Faust
nach Nahrung zu suchen.

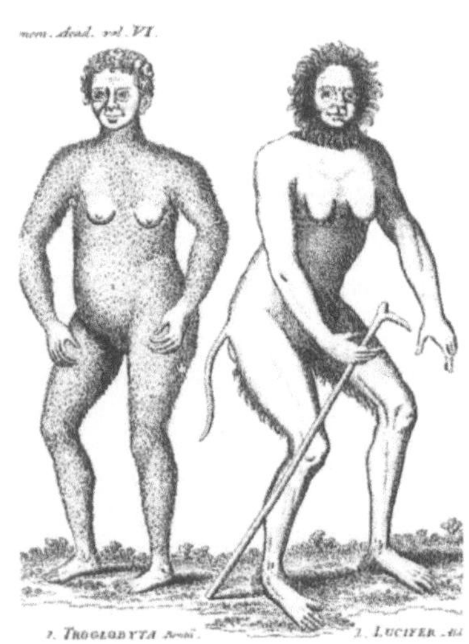

Lange Zeit hatten Wissenschaftler keine Vorstellung davon, wo die Grenze zwischen Menschen und anderen Hominoiden zu ziehen ist. C. E. Hoppius, ein Schüler des großen schwedischen Naturforschers Carl von Linné, vertrat vehement die Ansicht, daß Menschenaffen dem Menschen nahestünden. Im Jahr 1760 veröffentlichte er diese Abbildung sogenannter Anthropomorpha *(Geschöpfe, die wie Menschen aussehen), die auf dem begrenzten Kenntnisstand seiner Zeit beruhte. Er ordnete seine* Anthropomorpha *in einer Reihe an, von den menschenähnlicheren,* Troglodyta *und* Lucifer *(eine imaginäre Rasse geschwänzter Menschen), zu den menschenaffenähnlicheren,* Satyrus *(nach dem ersten Menschenaffen – vielleicht einem Bonobo –, der von Nicolaas Tulp 1641 seziert wurde) und* Pygmaeus.

Wenn wir also annehmen, daß Frauen und Kinder in der Steppe ohne ein gewisses Maß an männlichem Schutz und männlicher Unterstützung nicht hätten überleben können, dann hätte weder die weiblich bestimmte Lebensweise des Bonobo noch der relativ unabhängige Lebensstil des Schimpansen unsere Vorfahren auf die Nutzung dieses Lebensraums vorbereitet. Bonoboähnliche und schimpansenähnliche Menschenaffen haben sich vielleicht teilweise in offene Habitate gewagt – wie es einige Schimpansenpopulationen auch heute tun –, aber unsere Vorfahren sind die einzigen Hominoiden, denen es gelang, die Sicherheit der Bäume vollständig hinter sich zu lassen.[3]

Die menschliche Gesellschaft ist gekennzeichnet durch eine Kombination von erstens Männerbünden, zweitens Frauenbünden und drittens Kernfamilien. Wir teilen das erste Merkmal mit den Schimpansen, das zweite mit den Bonobos, und das dritte ist allein typisch für uns. Es ist sicherlich kein Zufall, daß sich Menschen überall auf der Welt verlieben, eifersüchtig sind, Schamgefühle kennen, für den Geschlechtsverkehr Privatheit suchen, neben Mutterfiguren nach Vaterfiguren Ausschau halten und Wert auf stabile Partnerschaften legen. Selbst Malinowskis hedonistische „Wilde" waren höchstwahrscheinlich ebenso prädisponiert, was sich in unserer Veranlagung widerspiegelt, Einzelhaushalte zu bilden, in denen Männer und Frauen in ihre Kinder investieren. Diese Reproduktionseinheiten können monogam sein, aber das kulturell am weitesten verbreitete Muster unserer Art ist die Polygynie – das heißt ein Mann und mehrere Frauen, die zusammen oder getrennt leben können. Wir sind seit Millionen von Jahren an eine soziale Ordnung angepaßt, die sich um diese Kernfamilien dreht – die sprichwörtlichen Grundpfeiler der Gesellschaft –, für die es bei den Großen Menschenaffen keine Parallelen gibt.[4] Dieses spezielle Merkmal verschaffte unseren hominiden Vorfahren ein Fundament, auf dem kooperative Gesellschaften aufgebaut werden konnten, zu denen beide Geschlechter beitrugen und in denen beide sich sicher fühlen konnten.

Nur wenn Männer sich einigermaßen sicher sein können, welche Nachkommen sie gezeugt haben, haben sie einen Grund, sich mit um deren Aufzucht zu kümmern. Vielleicht hat sich die Kernfamilie aus einer männlichen Neigung entwickelt, Frauen, mit denen sie sich gepaart hatten, zu begleiten, um infantizidale Männer abzuwehren.[5] Solch eine einfache Sicherheitsmaßnahme hätte sich leicht erweitern lassen. Beispielsweise könnte der Vater seiner Begleiterin geholfen haben, fruchttragende Bäume zu finden, Beute zu fangen oder den Nachwuchs zu transportieren. Er selbst könnte von ihrem Talent zum Gebrauch von Präzisionswerkzeug und zum Sammeln von Nüssen und Beeren profitiert haben.[6] Die Frau ihrerseits hat sich vielleicht über immer längere Zeiträume paarungsbereit gezeigt, um ihren Beschützer davon abzuhalten, sie wegen der nächstbesten Schönen, die vorbeischlendert, zu verlassen. Je mehr beide Parteien zu diesem Arrangement beisteuerten, desto höher waren die Einsätze. Es wurde zunehmend wichtiger für den Mann, sicherzustellen, daß das Kind seiner Partnerin seines und nur seines war. Aus evolutionärer Sicht ist die Investition in den Nachkommen eines anderen eine völlige Energieverschwendung; daher verstärkten die Männer die Kontrolle über die Reproduktion ihrer Geschlechtspartnerin in direktem Verhältnis zur Unterstützung, die sie ihr gewährten.

In der Natur gibt es nichts umsonst. Wenn Bonobofrauen für ihr erfolgreiches Arrangement mit fast ständig geschwollenen Genitalien zahlen, so zahlen Menschenfrauen für das ihre mit dem Verlust ihrer Fortpflanzungsfreiheit. Als unsere Vorfahren ihre Nomadenexistenz aufgaben, sich niederließen und materielle Güter anzusammeln begannen, verdoppelten sich die Gründe für die männliche Kontrolle. Zusätzlich zur Weitergabe von Genen an die nächste Generation war nun auch noch Reichtum zu vererben. Da männliche Dominanz für unsere Linie wahrscheinlich schon immer typisch war, wurde das Erbe meist in der väterlichen Linie weitergegeben. Da jeder Mann sicherzustellen versuchte, daß seine Lebensersparnisse in die rechten Hände – das heißt in die Hände seiner Nachkommen – gelangten, führte dies unausweichlich zu einer wahren Besessenheit hinsichtlich weiblicher Jungfräulichkeit und Keuschheit. Ohne die männliche Beteiligung an der Aufzucht von Kindern gäbe es keine Notwendigkeit für die moralischen Einschränkungen, die manchmal unter dem Begriff „Patriarchat" zusammengefaßt und von unserer Art weltweit eingesetzt werden, um die Integrität der Familie zu schützen.

Extrem formuliert: Der Schimpansenmann ist eifrig darauf bedacht, festzustellen, welche Kinder nicht die seinen sind, um sie zu töten, wohingegen der männliche *Homo sapiens* eine Strategie des väterlichen Investments entwickelt hat, die erfordert, daß er alles in seiner Macht Stehende tut, um sicherzustellen, daß er selbst der Vater des Kindes seiner Partnerin ist. Die Kernfamilie erhöht das Vertrauen in die Vaterschaft.

Und der Bonobo? Nach diesen Theorien hat der Bonobo einen dritten Weg gewählt, indem er die Väter über ihre Vaterschaft völlig im unklaren ließ: Wenn alle Männer potentielle Väter sind, hat keiner von ihnen Grund, einem Neugeborenen Schaden zuzufügen.

BONOBOSZENARIOS

Ist das Formulieren evolutionärer Modellvorstellungen eine Kunst oder eine Wissenschaft? Im Vergleich dazu, wie ein Paläontologe die menschliche Vergangenheit zusammensetzt, hat ein Primatologe, der das gleiche für eine bestimmte Spezies anthropoider Affen versucht, wenig konkretes Material, von dem er sich leiten lassen könnte. Unsere direkten Vorfahren hinterließen zumindest Artefakte, die es uns erlauben, ihre Gepflogenheiten, Fähigkeiten, Ernährungsgewohnheiten und ihre soziale Organisation zu rekonstruieren. Primatologen hingegen müssen sich mit dem Verhalten heute lebender Geschöpfe begnügen.

Doch trotz der nicht zu bestreitenden Rolle von Phantasie und Spekulation ist das Entwerfen eines plausiblen Szenarios für die Evolution einer Art ein wissenschaftliches Unternehmen – das heißt, das Ergebnis ist falsifizierbar: Jedes Szenario beruht auf einer Reihe von Annahmen, die widerlegt werden können. Ein gutes Beispiel ist die Art und Weise, wie die kürzlich erfolgte Entdeckung von Little Foot (siehe Seite 26) bestimmte Ansichten über den Ursprung der menschlichen Bipedie widerlegt. Ebenso kämen Theorien über die soziale Evolution des Bonobo in große Schwierigkeiten, wenn sich herausstellte, daß männliche Bonobos in der Lage sind, zwischen den fruchtbaren und den unfruchtbaren Tagen einer Frau zu unterscheiden. Solche Beobachtungen sind bisher nicht gemacht worden und werden vielleicht auch niemals gemacht werden; der Punkt, um den es geht, ist, daß evolutionäre Modelle wie alle anderen wissenschaftlichen Hypothesen einer Verifizierung unterliegen. Zwar ist es unmöglich, die Korrektheit irgendeines bestimmten Modells der Vergangenheit nachzuweisen, doch unser Ziel ist es, dasjenige Szenario zu finden, das die verfügbaren Daten am besten erklärt.

Der entscheidende Moment in der sozialen Evolution des Bonobo kam wahrscheinlich, als die Frauen begannen, häufigere und länger anhaltende Genitalschwellungen zu entwickeln. Gleichzeitig mit einer allgemeinen Sexualisierung der Art verringerte dies die Konkurrenz unter den Männern, verdeckte die Vaterschaft und förderte soziosexuelle Beziehungen in allen Partnerkombinationen, besonders unter Frauen. Das Endergebnis war, daß die Bonobofrauen sich sekundär verschwisterten, gesellschaftlich die Oberhand gewannen und sich vom Fluch des Infantizids befreiten.

Über die Anfänge dieses evolutionären Szenarios wissen wir kaum etwas. Die sogenannte „Sexualisierung" des Bonobo – gemeint ist, daß das Sexualverhalten alle sozialen Lebensbereiche zu durchdringen begann – nahm höchstwahrscheinlich zwischen den Geschlechtern ihren Ausgang. Schließlich ist die ursprüngliche Funktion von Sex Fortpflanzung, was eine sexuelle Beziehung zwischen Erwachsenen voraussetzt. Vielleicht zogen beide Geschlechter aus der Gesellschaft des jeweils anderen und aus den freundlichen und friedlichen Beziehungen Nutzen, die durch häufigen Sex gefördert wurden. Da es äußerst ungewöhnlich ist, daß weibliche Säuger männliche Säuger ihrer Spezies dominieren, darf man sicher annehmen, daß auch Bonobos von einer männlichen Dominanz ausgingen. Tauschhandel nach dem Motto „Sex für Nahrung" könnte den Frauen geholfen haben, Zugang zu Nahrung zu gewinnen, die von Männern kontrolliert wurde. Infolgedessen zogen die Frauen aus der Verlängerung ihrer sexuellen Attraktivität Gewinn. Wenn die Männer-Frauen-Zusammenschlüsse nicht exklusiv waren – das heißt, wenn zahlreiche Männer und Frauen daran beteiligt waren –, wurde Toleranz zwischen Vertretern des gleichen Geschlechts ebenso zu einem Thema. Denkbar ist, daß sich die Rolle des Sex als Kitt der Gesellschaft von der heterosexuellen auf die homosexuelle Domäne ausbreitete. Homosexuelle Aktivitäten wurden zu einem Weg, Männer und Frauen in größeren Verbänden zusammenzuhalten.[7]

Die Frage, warum Bonobos und nicht Schimpansen ihre sozialen Beziehungen sexualisierten, ist jedoch kaum zu beantworten, ohne den Infantizid zu berücksichtigen. Um Bindung und Toleranz zu gewährleisten, bedarf es keineswegs unbedingt sexueller Kontakte. Schimpansen beispielsweise setzen zur Befriedung nichtsexuelle Verhaltensweisen ein, die ebenso wirksam sind wie die genitalen Kontakte der Bonobos. Sie versöhnen sich mit einem Kuß, „feiern" ihre Versöhnung mit lautem Rufen und Körperkontakt, wobei sie sich umarmen und auf den

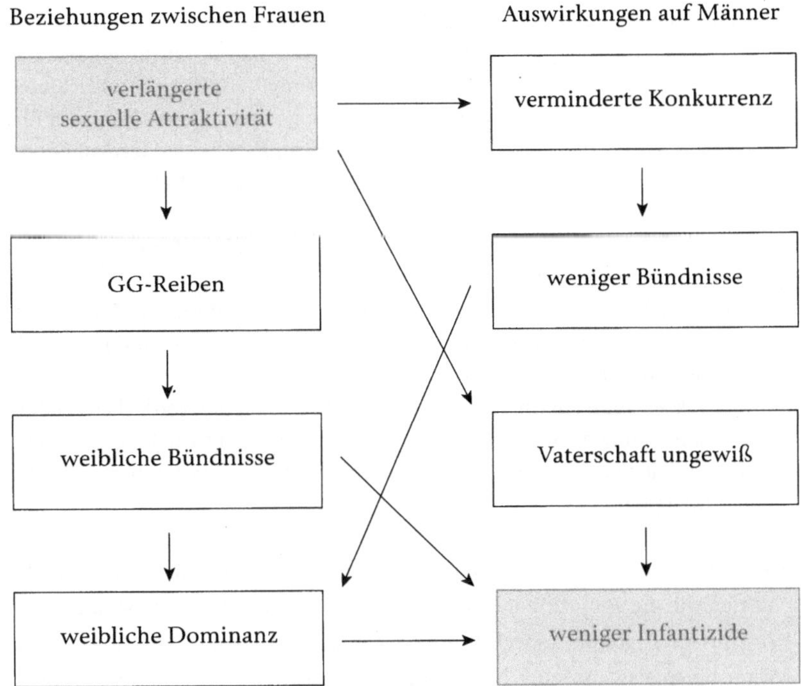

Rücken klopfen, und teilen anschließend ihre Nahrung miteinander. Vielleicht verlassen sich Bonobos deswegen auf sexuelle Mechanismen, weil sie den zusätzlichen Vorteil mit sich bringen, die Vaterschaft zu verdecken; das dürfte besonders für eine Art wichtig sein, bei der Männer und Frauen häufig gemeinsam umherziehen und nach Nahrung suchen.

Ich muß gestehen, daß mir nicht wohl ist bei dem Gedanken, ein ganzes evolutionäres Szenario an der Bedrohung durch Infantizid aufzuhängen, der bei Bonobos niemals beobachtet worden ist, weder im Freiland noch in Zoos. Wir müssen auch berücksichtigen, inwieweit, wenn überhaupt, männliche Bonobos von diesen Veränderungen profitieren. Wenn die Frauen ihren Fortpflanzungserfolg erhöhen, erhöhen einige oder alle Männer den ihren ebenfalls: Männer pflanzen sich nun einmal durch Frauen fort.[8] Das stellt eine interessante Herausforderung für Wissenschaftler dar, die die evolutionären Konsequenzen sozialer Arrangements mathematisch zu simulieren versuchen.

Wie steht es bei wachsendem weiblichem Einfluß um die *männlichen* Interessen? Würde es sich für die Männer lohnen zu rebellieren, oder kommen einige von ihnen tatsächlich besser weg, wenn sie „mitspielen"? Überdies könnte die einzigartige Sozialstruktur der Bonobogesellschaft Vorteile mit sich bringen, die wir uns gegenwärtig nicht einmal vorstellen können. Wir wissen nur wenig über den Druck durch Raubtiere in Vergangenheit oder Gegenwart oder über die Konkurrenz mit anderen waldbewohnenden Früchtekonsumenten. Das Szenario, das in dem oben abgebildeten Schema beschrieben ist, ist daher als Entwurf anzusehen. Aber selbst wenn es nicht in jeder Hinsicht zutreffen sollte, weist es einige plausible Komponenten auf. Die zentralen Punkte sind:

1. Eine zeitlich ausgedehnte weibliche Paarungsbereitschaft verwässert den Konkurrenzkampf unter Männern. Die Anwesenheit so vieler attraktiver Frauen und die Unmöglichkeit, ihre fruchtbaren Tage festzustellen, machen es für Männer weniger lohnend, für eine Paarung Verletzungen zu riskieren.
2. Wenn man voraussetzt, daß männliche Allianzen bei anderen Primaten überwiegend dazu dienen, Rivalen von stark umkämpften Frauen fernzuhalten, entfällt der Grund für eine solche Kooperation, wenn zahlreiche Frauen gleichzeitig sexuell attraktiv sind.
3. Ein Jeder-Mann-für-sich-selbst-System pflastert den Weg für eine kollektive Übernahme der Macht durch Frauen.
4. Soziosexuelles Verhalten und Bindung unter Frauen führen zu Allianzen, die es den Frauen ermöglichen, die Nahrung zu monopolisieren und ihre Nachkommen vor infantizidalen Männern zu schützen.
5. Eine ausgedehnte Paarungsbereitschaft und häufiger Sex verdecken die Vaterschaft in einem solchen Maß, daß Infantizid kontraproduktiv wird: Die Männer haben Schwierigkeiten, den eigenen Nachwuchs von den Tötungen auszunehmen.

Jeder Punkt dieses Szenarios bedarf einer genauen Prüfung seitens der Wissenschaftler, die die evolutionäre Vergangenheit des Bonobo rekonstruieren wollen. Wir müssen besonders sorgfältig nach möglichen Ausnahmen Ausschau halten. Wenn beispielsweise eine Bonobopopulation mit gelegentlichem Infantizid gefunden würde oder wenn sich die weibliche Dominanz als weniger weit verbreitet herausstellen sollte als momentan angenommen, so würde das zu großen Problemen führen. Selbst wenn einige wenige Ausnahmen das ganze Modell wohl nicht zum Einstürzen bringen werden, wird es in den kommenden Jahren wahrscheinlich in einigen Punkten revidiert werden müssen.

Das vorgeschlagene Szenario wirft interessante Fragen auf. Ich habe Männer laut und in fast anklagendem Ton sich wundern hören: „Warum haben diese Bonobomänner die Frauen bloß die Oberhand gewinnen lassen?" Aber ist diese Frage so richtig gestellt? Das Wort *lassen* setzt implizit voraus, daß die Bonobomänner eine Wahl hatten; aber was ist, wenn das gar nicht der Fall war? Oder nehmen Sie die Frage, warum Schimpansen nicht den gleichen evolutionären Weg gewählt haben, wenn das Sozialsystem der Bonobos doch so vorteilhaft ist. Zweifellos spielten ökologische Faktoren eine Schlüsselrolle. Ohne ausreichend große Nahrungskonzentrationen, die das Zusammenleben von zahlreichen Männern und Frauen ermöglichten, hätte das ganze System niemals funktionieren können. Wie hätte sich jemals weibliche Solidarität entwickeln können – und wie hätte sie funktionieren sollen –, wenn Bonobogemeinschaften gezwungen gewesen wären, sich bei der Nahrungssuche in kleine Trupps aufzuteilen?

Vielleicht bilden männliche Bonobos deshalb keine Allianzen, um dem weiblichen Machtstreben Einhalt zu gebieten, weil die Belohnung für das Dominant-Sein nicht hoch genug ist, um eine wirksame Kooperation zu erzwingen. Männer konkurrieren stets miteinander um Paarungsrechte, was die Bildung von Allianzen zu einer Gratwanderung macht. Der Erfolg einer Allianz hängt vom Nutzen ab, den *jeder* Teilnehmer, nicht nur der schließliche Gewinner, daraus zieht. Nur wenige Tiere sind in der Lage, wechselseitig profitable Deals abzuschließen. Schim-

pansenmänner bilden da eine bemerkenswerte Ausnahme: Dominante Männer teilen Nahrung und sexuelle Privilegien selektiv mit männlichen Bundesgenossen, denen sie ihren hohen Status verdanken. Bei einer Art wie den Bonobos, bei denen die Männer selten, wenn überhaupt, größere Tieren jagen, und bei denen attraktive Frauen relativ zahlreich sind, gibt es viel weniger zu teilen. Was hätten zwei oder mehr Männer davon, eine bestimmte Frau zu bewachen, wenn sich ihre Konkurrenten inzwischen mit anderen, genauso attraktiven Frauen paaren können? Wenn es sich auch für Männer auszahlen könnte, individuell um Frauen zu konkurrieren – der Vorteil, eine Frau zu monopolisieren, erreicht vielleicht niemals die Schwelle, bei der Allianzbildung zu einer attraktiven Strategie wird.[9]

Abgesehen davon, daß eine solide Basis für eine männliche Kooperation fehlt, ist der wachsende Einfluß der Mütter zu berücksichtigen. Je höher der Status der Frauen, desto tatkräftiger konnten Mütter ihren Söhnen im Kampf um einen hohen Rang beistehen. Als die mütterliche Unterstützung für die Männer ebenso wirksam wurde wie die Unterstützung durch andere Männer, unterminierte dies alle potentiell vorhandenen männlichen Kooperationstendenzen weiter. Es wurde zunehmend vorteilhaft, sich auf einen weniger wankelmütigen Partner zu verlassen, eben auf die Mutter. Schließlich verschob sich der Kern der Wandertrupps von einem Bündnis zwischen Fortpflanzungspartnern zu einem Bündnis zwischen Mutter und Sohn, wie auch zu der mächtigen Allianz zwischen älteren Frauen der Gruppe. Von diesem Zeitpunkt an war ein Tauschhandel zwischen den Geschlechtern nach dem Motto „Sex gegen Nahrung" nicht mehr nötig. Diese Art des Austausches könnte ein Überbleibsel der Vergangenheit sein, in der die Frauen noch keine Dominanz erlangt hatten; ein derartiges Angebot geht in der Regel von jungen Frauen aus.

Leitet sich unser Sozialsystem von einem System ähnlich dem der Bonobos ab? Wenn man von einem bonoboähnlichen Vorfahren ausgeht, hätte die menschliche Evolution dramatische Veränderungen erfordert, so den Verlust der weiblichen Genitalschwellungen bei gleichzeitigem Erhalt der verlängerten sexuellen Attraktivität, ein Kippen der weiblichen Dominanz, die Evolution männlicher Kooperation bei Jagd und Kriegführung und die Etablierung der Kernfamilie. Wie und warum diese Veränderungen stattgefunden haben sollten, ist unklar; es ist wohl ökonomischer, anzunehmen, daß der gemeinsame Vorfahr von Mensch und Menschenaffen keine Schwellung hatte und sowohl männliche Dominanz als auch männliche Kooperation kannte. Was den letztgenannten Aspekt betrifft, so wären wahrscheinlich weniger Veränderungen notwendig gewesen, um von einem schimpansenartigen Sozialsystem zu dem unsrigen zu kommen: Diese Art kennt zumindest eine aggressive männliche Kooperation. Eine auf Familien aufgebaute Gesellschaft scheint dem Schimpansen jedoch noch ferner zu sein als dem Bonobo.

Im Augenblick ist die sicherste Annahme, daß alle drei Arten – Menschen, Schimpansen und Bonobos – spezialisiert sind; das heißt, sie haben sich seit ihrer Abstammung von einem gemeinsamen Vorfahren beträchtlich weiterentwickelt. Leider läßt dies das Rätsel um das Sozialleben des *missing link* ungelöst: Keine der heute lebenden Arten kann uns als Modell dienen.

Die gute Nachricht ist jedoch, daß wir mit dem Bonobo nun einen zusätzlichen Schlüssel haben, um das Rätsel zu lösen: Diese Art hat vielleicht andere Merkmale von unserem gemeinsamen Vorfahren übernommen als die beiden anderen Arten. Der Bonobo besitzt eine soziale Organisation, für die keine Parallelen existieren und die all denen zu denken geben sollte, die sich auf die Universalität gewisser Merkmale in unserer Abstammungslinie versteifen. Wenn sich zwei enge Verwandte, wie Bonobos und Schimpansen, derart stark unterscheiden, so deutet dies auf eine Flexibilität in unserer Linie hin – und zwar nicht nur im kulturellen, sondern auch im evolutionären Sinn –, die viele von uns nicht für möglich gehalten haben.

Bei all dem sollten wir im Gedächtnis behalten, daß Bonobos und Schimpansen uns gleich nahe stehen. Statt Parallelen mit der einen oder anderen Art zu favorisieren, besteht keine Notwendigkeit, zwischen beiden zu wählen. Diejenigen, die aus ideologischen Gründen eher für den Bonobo als Modell des *missing link* plädieren, sollten sich klarmachen, daß die Evolutionsbiologie eine solche selektive Aufmerksamkeit nicht erlaubt. Man kann sich nicht die Rosinen aus dem Kuchen herauspicken und den Rest zurückgehen lassen. Betrachtet man den Bonobo als evolutionsbiologisch altes Modell, so muß man gleichzeitig damit ein ganzes Rahmenwerk evolutionärer Vorstellungen akzeptieren. Dieses Rahmenwerk versucht das Verhalten von Pavianen, Gorillas, Schimpansen und einer Reihe anderer Arten mit einzubeziehen. Den meisten Biologen erscheinen die allgemeinen Prinzipien von Adaption und natürlicher Selektion wichtiger als die Evolution einer bestimmten Art. Es stimmt, daß der Bonobo wegen seiner engen Verwandtschaft mit uns ein entscheidendes Teilchen im Puzzle der menschlichen Evolution bildet, aber es ist das ganze Puzzle, das die Wissenschaft zu lösen sucht.

Die erfolgreichste Rekonstruktion unserer Vergangenheit wird sicherlich auf einem breiten dreiseitigen Vergleich von Schimpansen, Bonobos und Menschen innerhalb dieses größeren evolutionären Kontextes beruhen.

SICH VERSTÄNDIGEN

Charles Darwin kommentierte die Ähnlichkeit der Mimik von Menschen und anderen Primaten. Das nervöse Grinsen dieses jungen Mannes (o b e n l i n k s) und die Schnute eines Kindes (o b e n r e c h t s) sind typische Bonobogesichtsausdrücke, die die Gefühlslage des Individuums vermitteln. Andere Gesichtsausdrücke werden planvoller eingesetzt und sind weniger gefühlsbetont: Diese gefangene Bonobofrau (r e c h t s) hat ihren Mund zu einem betont langen Gähnen geöffnet, um den Photographen zu einer Reaktion zu provozieren.

Bonobomänner könnten eine entscheidende Rolle bei der Wanderung des Trupps spielen. Ein erwachsener Mann (r e c h t s) rennt in den Wald, wobei er einen ziemlich großen Zweig hinter sich herzieht. Dieses kurze, mit viel Lärm verbundene Imponiergehabe dient dazu, Aufmerksamkeit zu erregen und eine Wanderung auszulösen. Ellen Ingmanson, eine amerikanische Anthropologin, die in Wamba Hunderte solcher Imponierveranstaltungen beobachtete, fand heraus, daß sich daraus ablesen ließ, in welche Richtung der Trupp weiterziehen würde. Die imponierenden Männer machen ihren Gefährten offenbar „einen Vorschlag", welche Richtung der Trupp nehmen sollte – vielleicht zu einem Futterbaum, von dem sie wissen, oder zu einem Fluß, wo sie regelmäßig nach Nahrung suchen.

Zusätzlich zur mimischen und akustischen Kommunikation „unterhalten" sich Menschenaffen oft mit Gesten. Hier sehen wir, wie zwei junge Bonobos sich durch Gesten verständigen, bevor sie zu spielen beginnen. Bonobos gestikulieren meist mit ihrer rechten Hand, was auf eine Gehirnspezialisierung ähnlich derjenigen hindeutet, die der menschlichen Sprache zugrunde liegt.

EINFÜHLUNGSVERMÖGEN

Als ich 1978 im Zoo von Wassenaar zum erstenmal Bonobos sah, interessierte mich, wie sie sich im Vergleich zu Schimpansen verhielten.[1] Dabei überraschte mich nicht nur ihre Größe – sie waren viel größer, als ihr Trivialname „Zwergschimpanse" vermuten ließ –, sondern auch ihr bemerkenswert forschender und einfühlsamer Blick. So lebhafte Augen und so offensichtlich interessiert an den Menschen rundum, selbst an einem Fremden wie mir!

Damals war buchstäblich nichts über das Sozialverhalten dieser Art bekannt. Hätten wir damals gewußt, was wir heute wissen, wäre der Bonobo zweifellos zu einem Dorn im Fleisch der Wissenschaft geworden. Vielleicht hätte man ihn als „Freak" abgetan, um den jeder, der sich für die allgemeinen Prinzipien des Lebens auf Erden interessiert, einen großen Bogen machen sollte. Schließlich sahen wir uns damals als gemeine Killeraffen an, ausgestattet mit dem unwiderstehlichen Drang, einander abzuschlachten. Der Schimpanse war das perfekte Primatenmodell dieser Zeit – besonders, als sich herausstellte, daß diese Art blutige kriegerische Auseinandersetzungen und Kannibalismus kennt. Der Bonobo hätte nicht ins Bild gepaßt.

Wir leben heute in einer anderen Zeit. Die meisten von uns haben genug über die aggressiven Tendenzen der Menschheit gehört. Natürlich wissen wir, daß diese Tendenzen existieren – man muß nur die Nachrichten verfolgen, um täglich die schauerlichsten Beispiele zu finden –, und wir wissen um ihren genetischen Ursprung; das gilt zumindest für die meisten Biologen. Doch gleichzeitig

Eine „Babysitterin" spielt mit dem Kind einer anderen Frau, das in einem Baum schwingt.

hat sich unsere Aufmerksamkeit auf Mechanismen verlagert, die diese Veranlagungen im Zaum halten und uns auch eine friedliche Koexistenz erlauben. Der Bonobo, der in einer relativ gewaltfreien, egalitären und weiblich bestimmten Gesellschaft lebt, könnte uns in dieser Hinsicht vielleicht manches lehren. Es ist nicht so, als ob diese Art keine Konkurrenz kenne, aber im großen und ganzen handhaben Bonobos soziale Spannungen bemerkenswert effizient.

Meine Spekulationen über den Ursprung der Bonobogesellschaft stellen nur die evolutionäre Seite der Geschichte dar. Die Tiere selbst wissen nichts darüber, wie die Evolution ihr Verhalten geformt hat. Bonobos kalkulieren die reproduktiven Konsequenzen ihres Verhaltens oder die Vorteile einer ungewissen Vaterschaft nicht ein. Frauen können ihre Genitalschwellungen nicht nach Wunsch auftreten und wieder verschwinden lassen, ebensowenig wie Männer bewußt die Kosten eines Infantizids abwägen können. Angeborene Merkmale, so auch Verhaltensmerkmale, die die Fortpflanzung fördern, werden von einer Generation zur nächsten weitergegeben, ohne daß die Tiere selbst in dieser Hinsicht irgendeine bewußte Entscheidung träfen. Es ist eine Sache, darüber zu spekulieren, warum ein bestimmtes Verhalten von der natürlichen Selektion begünstigt worden sein könnte, aber ein ganz anderes Problem, zu verstehen, wie Tiere ihren Alltag meistern.

Bei den Entscheidungen, die Menschenaffen treffen müssen, geht es darum, Spannungen zu vermeiden oder abzubauen, Lust zu empfangen und zu geben, Bindungen aufrechtzuerhalten, die Kinder zu schützen, genug Nahrung zu finden und so weiter. Bonobos werden mit psychologischen, physiologischen[2] und sozialen Veranlagungen geboren, die diktieren, welche Form von Gesellschaft sie aufbauen. Eine Schlüsselveranlagung könnte das Einfühlungsvermögen sein, das ich bei meiner ersten Begegnung bemerkte: Es liefert möglicherweise eine Basis für das, was wir beim Menschen „Sympathie" und „Empathie" nennen.

Die Absichten und Gefühle anderer zu verstehen, könnte den Bonobos dabei helfen, Beziehungen reibungslos zu gestalten, anderen im Notfall zu helfen und das sexuelle Erleben zu intensivieren. Die Fähigkeit zur Konfliktlösung hängt beispielsweise davon ab, frühzeitig zu bemerken, was einen anderen stört, und zu wissen, wie man Frustrationen vorbeugt. Auf sexuellem Gebiet deutet vieles darauf hin, daß Bonobos ihr Verhalten danach richten, was sie in den Augen des Partners lesen. Es kommt auch häufig vor, daß sie einander stimulieren, ohne sich selbst zu stimulieren, zum Beispiel, wenn ein Tier die Genitalien eines anderen massiert. Läßt ein solches Verhalten nicht darauf schließen, daß sie wissen, was einem anderen Lust verschafft?

Könnte es sein, daß der Bonobo kognitiv darauf spezialisiert ist, Gefühle zu lesen und den Standpunkt anderer einzunehmen? Kurz gesagt, ist der Bonobo der einfühlsamste Menschenaffe? Wenn das so ist, dann könnte es irreführend sein, sich auf so „anfaßbare" Manifestationen von Intelligenz wie den Werkzeuggebrauch zu konzentrieren.

Wenn überhaupt, dann werden Werkzeuge statt zum Nahrungserwerb oder ähnlichem möglicherweise überwiegend im sozialen Bereich eingesetzt. Ein Beispiel für „Werkzeuggebrauch im sozialen Bereich" ist die Errichtung von soge-

Daumenlutschen ist ein allgemein übliches Primatenverhalten, um sich orale Stimulation zu verschaffen, wenn die Mutter den Entwöhnungsprozeß begonnen hat.

nannten *Tabu-Nestern*, die Barbara Fruth und Gottfried Hohmann im Lomakowald beobachteten. Bonobos bauen Baumnester für die Nacht, aber auch, um sich tagsüber auszuruhen, zu groomen oder zu spielen. Es ist, als ob diese Nester einen privaten Bereich darstellten, der nicht verletzt werden darf, nicht einmal vom engsten Vertrauten des Erbauers. Beispielsweise betreten junge Bonobos das Nest ihrer Mutter nicht ohne Erlaubnis, sondern stehen zeternd am Rand und betteln um Zutritt.

Falls Nester tatsächlich den „persönlichen Raum" abgrenzen, den der Erbauer mit einem anderen teilen oder auch nicht teilen kann, so ermöglicht dies den Frauen, ihre Kinder zu entwöhnen und sie zu zwingen, an anderer Stelle ein Nest zu bauen, wenn sie das richtige Alter dazu erreicht haben. Zudem lassen sich Konflikte vermeiden, indem man das Nest als Refugium benutzt. Fruth und Hohmann haben ein Dutzend Fälle dokumentiert, in denen Bonobos, die einen besonders begehrten Leckerbissen verzehrten, auf die Annäherung eines Artgenossen reagierten, indem sie rasch einige Zweige abbrachen und ein rudimentäres Nest bauten. Während sie im Nest saßen, wurden sie von den anderen nicht belästigt oder vertrieben und konnten ihr Mahl ungestört genießen. In einem Fall ging es nicht um Nahrung: Ein erwachsener Mann entkam dem Angriff eines anderen Mannes, indem er einen Baum hinaufkletterte und sich ein Nest baute. Daraufhin stoppte der angreifende Mann am Fuß des Baumes und machte kehrt.

Wie Bonobos auf die Gefühle und Bedürfnisse anderer reagieren, könnte sich als höchst aufregendes Forschungsgebiet herausstellen. Nehmen Sie nur Kanzis erstaunliche Auffassungsgabe für gesprochenes Englisch. Statt diese Gabe im Rahmen linguistischer Fähigkeiten zu analysieren, ließe sie sich vielleicht viel besser im Zusammenhang mit sozialer Kognition verstehen. Verbales Verständnis könnte auf der Fähigkeit beruhen, die Absicht hinter den Lauten herauszufinden, die die Leute äußern. Kanzi realisiert offenbar auch, daß einige seiner Mitbonobos nicht über diese Fähigkeit verfügen: Er versucht gelegentlich, die Unwissenden zu unterrichten. In einer erstaunlichen Videosequenz sitzt Kanzi neben Tamuli, seiner jüngeren Schwester, die kaum mit menschlicher Sprache in Kontakt gekommen ist. Sue Savage-Rumbaugh versucht Tamuli dazu zu bringen, auf ein paar einfache verbale Aufforderungen zu reagieren, aber die untrainierte Bonobofrau weiß überhaupt nichts mit dem Gesagten anzufangen. Obgleich sich die Forscherin eindeutig an Tamuli wendet, ist es ihr großer Bruder, der das Geforderte ausführt. An einer Stelle, als Tamuli aufgefordert wird, ihren Bruder zu groomen, nimmt Kanzi ihre Hand in die seine und legt sie unter sein Kinn, wobei er sie zwischen Kinn und Brust drückt. In dieser Haltung blickt er, wie es aussieht, fragend in Tamulis Augen. Als Kanzi die ganze Prozedur wiederholt, läßt die junge Frau ihre Finger auf seiner Brust liegen, als wisse sie nicht recht, was sie nun tun solle.[3]

Man sollte hinzufügen, daß Kanzi ganz genau weiß, wann Befehle ihm gelten und wann seinen Mitaffen. Er führte nicht nur ein Kommando aus, das für Tamuli bestimmt war, sondern nahm tatsächlich auch Tamulis Hand, um sie dazu zu bringen, ihn zu groomen. Kanzi empfand den Wissensmangel seiner Schwester und versuchte, ihr Dinge zu erklären, was beides auf ein hochentwickeltes

Einfühlungsvermögen schließen läßt. Weitere anekdotische Hinweise auf Empathie lassen sich in vorangegangenen Kapiteln finden (beispielsweise Kakowets Reaktion, als die Tierpfleger gerade den Graben füllen wollten, in dem junge Bonobos spielten); der erstaunlichste Fall ist aber vielleicht die Geschichte von Kuni und dem Vogel im Zoo von Twycross (siehe unten). Sich mit einem Geschöpf zu identifizieren, das so völlig anders ist als man selbst, und seinen Körper in die Haltung zu bringen, die es gewöhnlich selbst einnimmt, ist meines Erachtens ebenso eindrucksvoll wie Werkzeuggebrauch in irgendeiner Form.

Leider ist die Fähigkeit von Bonobos, den Standpunkt eines anderen einzunehmen, bisher noch nicht experimentell getestet worden. Solche Untersuchungen werden in zunehmendem Maß mit Schimpansen und jungen Kindern durchgeführt; wenn man Bonobos in diese Versuche einbezöge, würde man vielleicht zu überraschenden Erkenntnissen kommen. Vor mehr als siebzig Jahren war Robert Yerkes so erstaunt von der Anteilnahme, die der junge Bonobo Prince Chim für seinen kränklichen Schimpansenkollegen Panzee zeigte, daß er schrieb: „Wenn ich von seinem altruistischen und offensichtlich mitleidigen Verhalten gegenüber Panzee berichten würde, würde man mich verdächtigen, einen Menschenaffen zu idealisieren."[4] Bereits bevor Bonobos als eigene Art anerkannt wurden, ist ihre wichtigste mentale Errungenschaft anscheinend schon von einem der größten Experten auf dem Gebiet der Menschenaffenpsychologie erkannt worden.

Zunehmend versuchen Wissenschaftler herauszufinden, ob nichtmenschliche Primaten fähig sind, die Absichten, Gedanken und Gefühle anderer zu verstehen. Können sie sich geistig in die Lage eines anderen versetzen? Verstehen sie die Bedürfnisse und Wünsche anderer? Hier sind einige Anekdoten, die nahelegen, daß Bonobos die wertvolle Gabe der kognitiven Empathie besitzen.

VÖGEL SOLLTEN FLIEGEN

Betty Walsh, eine erfahrene Tierpflegerin, beobachtete folgenden Vorfall, bei dem eine siebenjährige Bonobofrau namens Kuni im Zoo von Twycross, England, die Hauptrolle spielte.

Eines Tages fing Kuni einen Star. Aus Angst, sie könnte den betäubten Vogel verletzen, drängte die Pflegerin die Bonobofrau, ihn freizulassen. Also brachte Kuni den Vogel nach draußen und setzte ihn vorsichtig auf die Füße, wo er wie angewurzelt sitzen blieb. Damit nicht zufrieden, nahm Kuni den Star mit einer Hand auf und kletterte auf die Spitze des höchsten Baumes hinauf. Dort umklammerte sie den Stamm mit ihren Beinen, so daß sie beide Hände frei hatte, um den Vogel zu halten. Dann entfaltete sie vorsichtig seine Flügel und breitete sie – einen Flügel in jeder Hand – vollständig aus, bevor sie den Vogel so kräftig, wie sie konnte, in Richtung der Gehegebarriere schleuderte. Leider war der Wurf zu kurz, und der Vogel landete am Rand des Grabens, wo Kuni ihn lange Zeit bewachte und gegen ein neugieriges Jungtier verteidigte. Als der Tag sich neigte, war der Vogel spurlos verschwunden, ohne auch nur eine Feder zu hinterlassen. Wahrscheinlich hatte er sich von seinem Schock erholt und war davongeflogen.

JEMANDEM ETWAS ZU TRINKEN BESORGEN

Thomas Patterson beobachtete den folgenden Vorfall, bei dem es darum ging, die Wünsche eines anderen Individuums zu erkennen, 1971 in der Bonobokolonie von San Diego.

Lindas zweijährige Tochter wimmerte und sah, den Mund zu einer Schnute verzogen, schmollend zu ihrer Mutter empor. Gewöhnlich heißt das, daß ein Kind gestillt werden möchte, aber alle Nachkommen Lindas waren von Menschen aufgezogen worden. Das Kind war erst lange nachdem Linda aufgehört hatte, Milch zu geben, in die Gruppe zurückgekehrt. Die Mutter ging zur Quelle, um ihren Mund mit Wasser zu füllen. Dann setzte sie sich vor ihre Tochter und spitzte ihre Lippen, so daß das Kind aus ihrem Mund trinken konnte. Linda wiederholte ihren Gang zur Quelle noch dreimal.

EINE HELFENDE HAND

Kidogo, ein 21jähriger Bonobo im Milwaukee County Zoo, leidet unter schweren Herzproblemen. Er ist schwächlich, und ihm fehlt die normale Vitalität und das Selbstvertrauen eines erwachsenen Bonobomannes. Als er in den Zoo von Milwaukee kam, verwirrten ihn die Kommandos der Tierpfleger anfangs völlig. Er verstand im unbekannten Gebäude nicht, wohin er gehen sollte, wenn die Pfleger ihn aufforderten, von einem Teil des Geheges in einen anderen zu wechseln.

Daraufhin eilten andere Bonobos aus der Gruppe herbei, nahmen Kidogo bei der Hand und führten ihn in die richtige Richtung. Barbara Bell, eine Tierpflegerin und -trainerin, beobachtete viele Beispiele für derartige spontane Hilfe und gewöhnte sich mit der Zeit daran, andere Bonobos herbeizurufen, um Kidogo den Weg zu weisen. Wenn er sich verirrte, zeterte Kidogo laut *(distress calls)*, woraufhin die anderen ihn beruhigten oder ihn führten. Einer seiner zuverlässigsten Helfer war der höchstrangige Bonobomann, Lody. Bonobomänner, die Hand in Hand gehen – diese Beobachtung widerspricht der Ansicht, daß sie einander nicht beistehen.*

Nur ein Bonobo versuchte, Kidogos Zustand auszunutzen. Der fünfjährige Murph ärgerte und neckte Kidogo häufig, und dem fehlte die Durchsetzungskraft, den Youngster zu stoppen. Doch manchmal schritt Lody ein, indem er den Halbwüchsigen an einem Fußknöchel packte, wenn dieser gerade beginnen wollte, Kidogo zu schikanieren, oder Lody ging zu Kidogo herüber und legte schützend einen Arm um ihn.

---

* Dennoch schaffen sie es nicht, wirksame Allianzen zu schmieden: Die drei adulten Männer im Zoo von Milwaukee – zwei gesunde Männer und Kidogo – werden, wie es heißt, souverän von einer älteren erwachsenen Frau dominiert.

Die Entdeckung eines engen Verwandten, der die menschliche Evolution in
einem völlig neuen Licht erscheinen läßt, muß man als einen der größten
Glücksfälle ansehen, der der Anthropologie und der Primatologie in diesem
Jahrhundert widerfahren konnte. Der Bonobo wirft eingefahrene Lehrmeinun-
gen über unseren Ursprung und unser Verhaltenspotential über den Haufen.
Ohne diesen Menschenaffen hätten traditionelle evolutionäre Szenarios, die die
menschliche Aggressivität, Jagen und Kriegführung betonen, weiterhin die Diskussion beherrscht, ungeachtet der Tatsache, daß unsere Art hinsichtlich Sprache, Kultur, Moralität und Familienstruktur eine Vielzahl anderer charakteristi-
scher Merkmale aufweist. Obgleich der Bonobo nicht unser direkter Vorfahr ist,
sondern vermutlich ein ziemlich spezialisierter Verwandter, wirft seine weiblich
bestimmte, nichtkriegerische Gesellschaft viele Fragen auf, was die hypotheti-
sche evolutionäre Vergangenheit unserer Art angeht.

Wer hätte sich einen engen Verwandten des Menschen vorstellen können, bei
dem weibliche Allianzen männliche Gruppenmitglieder einschüchtern, dessen
Sexualverhalten ebenso reich ist wie das unsrige, bei dem verschiedene Kommunen nicht kämpfen, sondern sich mischen, bei dem Mütter eine Schlüsselstel-

lung einnehmen und dessen größte intellektuelle Errungenschaft nicht Werkzeuggebrauch, sondern Einfühlungsvermögen ist? Jeder Wissenschaftler, der für ein Mitglied unserer nächsten Abstammungslinie einen solchen Merkmalkatalog erstellt und ihm auch nur eine geringe Wahrscheinlichkeit zugebilligt hätte, wäre in den sechziger Jahren vom Gelächter seiner Kollegen aus allen akademischen Hallen getrieben worden! Heute sind vielleicht mehr Leute bereit, dieses Szenario zu akzeptieren – um so eher, da wir nicht über eine bloße Annahme sprechen, sondern über reale Beobachtungen. Dennoch wird es zweifellos eine ganze Studentengeneration dauern, bis die Implikationen, die sich daraus für die Humanevolution ergeben, allgemein akzeptiert sein werden.

Lassen Sie uns hoffen, daß der Bonobo so lange in freier Wildbahn überlebt und die Feldforschung weitergeht. Ebenso müssen wir hoffen, daß sich die kleine in Zoos und Forschungsstationen lebende Population als überlebensfähig erweist, so daß wir Gelegenheit haben, tiefer und tiefer in das Verhalten und die kognitiven Prozesse dieses Menschenaffen einzudringen.

Die Erforschung des Bonobo hat gerade erst begonnen.

SOZIALLEBEN

Bonobos sind höchst soziale Wesen, die sich gelegentlich zu großen Trupps zusammenfinden, in denen sich Konkurrenten und Freunde wiedertreffen. Vielleicht hat diese Veranlagung dazu geführt, daß die Bonobos eine so bemerkenswert komplexe und subtile Kommunikation entwickelt haben. Ihr Einfühlungsvermögen in die Bedürfnisse anderer zeigt sich in anekdotischen Berichten wie auch in der gegenseitigen körperlichen Stimulation, wie sie bei diesen Menschenaffen häufig ist. Hier hebt eine erwachsene Bonobofrau den Kopf eines Juvenilen an, um ihm besser in die Augen schauen zu können.

Das Teilen von Nahrung ist unter Primaten nicht weit
verbreitet. Die wenigen Arten, die teilen, wie es auch
die Bonobos tun, benutzen spezielle Rufe, um Futter an-
zukündigen, und bestimmte Gesten, um zu betteln.
Eine erwachsene Frau streckt ihre Hand nach dem Futter einer anderen Frau aus (l i n k s), während ein
Kind seine Mutter bittet, ihm von den Futterstückchen,
die sie gerade kaut, etwas abzugeben (o b e n).

Oft wird behauptet, menschliche Babys hätten mehr Augenkontakt mit ihrer Mutter als die Kinder anderer Arten. Das ist wahrscheinlich richtig, doch auch Menschenaffenmütter spielen mit ihren Kindern häufig Spiele, die den Augenkontakt fördern. Ein besonders beliebtes Spiel unter zoolebenden Menschenaffen, die viel Zeit auf dem Boden verbringen, ist „Flugzeug-Spielen".

Neben der Bindung zwischen nichtverwandten Frauen, die die Bonobogesellschaft als „se-kundär verschwistert" kennzeichnet, spielt eine weitere Bindung eine entscheidende Rolle: Mutter und Sohn bleiben ihr Leben lang eng verbunden. Söhne und Töchter sind zu Beginn ihres Lebens völlig abhängig von ihrer Mutter (r e c h t s), doch während sich die Töchter mit Beginn ihrer Pubertät von ihrer Mutter zu lösen beginnen, halten die Söhne auch weiter-hin engen Kontakt zu ihrer Mutter und genießen deren Fürsorge (o b e n).

BONOBOS HEUTE
UND MORGEN

Der Grund, warum viele Leser vielleicht noch nie von Bonobos gehört haben, bevor sie dieses Buch in die Hand nahmen, ist, daß diese Menschenaffen in einem außerordentlich abgelegenen Teil der Welt leben und nur in wenigen zoologischen Gärten zu sehen sind. Den Tausenden von Schimpansen in Zoos und Forschungsstationen stehen nur etwa hundert Bonobos gegenüber. Was die Zahl der wildlebenden Bonobos angeht, so muß man sicher davon ausgehen, daß die Art bedroht ist, aber im Augenblick ist noch unklar, in welchem Ausmaß. Vielleicht ist es noch früh genug, um das Schicksal abzuwenden, das so viele andere Tierarten bedroht: Der Bonobo hat das große Glück, in einem noch relativ unberührten Lebensraum zu leben.

WO DER BONOBO ZU HAUSE IST

Bonobos leben in einer der am dünnsten besiedelten, am wenigsten entwickelten Regionen der Tropen. Das Kongobecken in der Provinz Equateur, Republik Kongo, ist Teil des zweitgrößten zusammenhängenden Regenwaldgebiets der Welt; es umfaßt die Hälfte dessen, was von Afrikas Regenwäldern übriggeblieben ist. Die Region ist so schwierig zu erreichen, daß das zuverlässigste Reisemittel die Füße oder der Einbaum sind. Isolierte „Inseln" von Bonobos finden sich überall in diesem riesigen Urwald. Das Verbreitungsgebiet der Art wird im Norden und Westen

In den wenigen Zoos, in denen Bonobos gehalten werden, können Besucher diese Menschenaffen aus der Nähe betrachten. Der geduldige Beobachter kann Perioden sozialer Aktivität erleben, gefolgt von Grooming- und Ruhephasen, wie hier im Zoo von Cincinnati.

Die Hauptstraße nach Wamba ist für vierradgetriebene Fahrzeuge kaum passierbar, und Fahrräder sind ein Luxus. Die Unzugänglichkeit dieser Region ist ein ernsthaftes Hindernis für die lokale Wirtschaft, aber wohl ein Segen für die Bonobos.

vom mächtigen Kongofluß begrenzt, im Osten vom Lomamifluß und im Süden von den Flüssen Kasai und Sankura. Die Fläche ihres potentiellen Verbreitungsgebiets ist auf 840 400 Quadratkilometer geschätzt worden, aber tatsächlich ist die Art wahrscheinlich auf nur einem Viertel dieser Fläche anzutreffen.

In der nördlichen Hälfte ihres Streifgebiets kommen Bonobos möglicherweise in relativ großen Populationen vor, wohingegen die Verteilung in der südlichen Hälfte vermutlich lockerer ist. Die beiden Hauptforschungsstätten, Lomako und Wamba, liegen im nördlichen Teil. Andere Forschungsstätten sind Lilungu, Yalosidi, Yasa und Lake Tumba. Die südlichste Station, Yasa, wo ein amerikanischer Student, Jo Thompson, 1994 mit Untersuchungen begann, straft den Glauben Lügen, daß Bonobos nur in dichten immergrünen Wäldern zu finden sind. In diesem Teil des Bonoboverbreitungsgebiets wechselt das Habitat zwischen dichtem Wald, offenem Waldgebiet und Grasland. Untersuchungen der Bonobos, die in dem hügeligen Mosaik von Wald und Grasland rund um Yasa leben, sollten Einblicke in die ökologische Flexibilität dieser Menschenaffen vermitteln.

Es gibt keine zuverlässigen Schätzungen über die Größe der Bonobopopulation im Kongo. Frühe Schätzungen gingen von mehr als 100 000 Tieren aus, aber eine Zahl zwischen 10 000 und 25 000 Tieren dürfte wesentlich realistischer sein. Bonobos sind zu Recht von der International Union for Conservation of Nature (IUCN, „Internationale Naturschutzunion") als „empfindlich" und vom United States Fish and Wildlife Service als „vom Aussterben bedroht" klassifiziert worden; zudem werden sie in Klasse A der African Convention und im Anhang I der Convention on International Trade in Endangered Species (CITES, „Washingtoner Artenschutzabkommen") geführt, die Jagen, Töten, Fangen und Handeln solcher Tiere verbietet.

Gegenwärtig besitzt die Republik Kongo auf nationaler Ebene lediglich ein Waldschutzgebiet für Bonobos: den Salonga-Nationalpark. In diesem riesigen

Park (36 560 Quadratkilometer), der 1972 gegründet wurde, gibt es bestätigte Sichtungen von Bonobos. Bonobos kommen überall in Salonga vor, aber wahrscheinlich nirgendwo in großer Zahl. Der Park wird gegenwärtig von schwerbewaffneten Wilderergangs kontrolliert, die den Bestand an Elefanten und Flußpferden dezimiert haben. Wie sich diese Bejagung auf die übrigen Wildtiere auswirkt, ist unklar; große Teile des Parks bleiben ungestört.

Für jedes Schutzprogramm ist ein detaillierter Überblick über Zahl, Größe und Verteilung der existierenden Populationen im gesamten Verbreitungsgebiet der Art unverzichtbar. Ein derartiger großangelegter Überblick ist noch nie erstellt worden – und wäre ein aufwendiges Unternehmen –, aber ohne solche Daten wird es schwer sein, über die wirksamsten Schutzmaßnahmen zu entscheiden. Wie unten erwähnt, existieren Pläne für ein Reservat, aber abgesehen von Salonga gibt es momentan keine Schutzgebiete für Bonobos.

BRÖCKELNDE TABUS

Der Wald von Wamba wies in der Vergangenheit eine hohe Populationsdichte von annähernd 300 Bonobos pro 70 Quadratkilometer auf. Dieser Wald ist Teil eines etwas größeren Schutzgebiets, des Wissenschaftlichen Reservats Lou, in dem auch tausend Einwohner leben, die mit den Bonobos koexistieren. Nach einem Dokument, das 1987 von den Forschern und der lokalen Verwaltung unterzeichnet wurde, ist das Jagen von Bonobos rund um Wamba verboten. Das funktionierte wegen eines strengen lokalen Tabus in der Vergangenheit recht gut; dieses Tabu verbietet den Verzehr von Bonobofleisch und beruht auf einem althergebrachten Glauben, demzufolge Bonobos unsere Verwandten sind, fast so etwas wie unsere Vorfahren.

Dieses Tabu wurde bis 1984 weitgehend eingehalten. In diesem Jahr kam es in Abwesenheit der Forscher zu einem ersten Wilderervorfall. Ein Jäger, der nicht aus Wamba stammte, tötete einen jungen adulten Bonobomann und trug den Körper in ein nahegelegenes Dorf, um das Fleisch zu verkaufen. Der zweite Vorfall, der sich 1987 ereignete, war schlimmer. Als die Forscher wieder einmal abwesend waren, wurden Soldaten nach Wamba beordert, um Bonobos zu fangen. Fährtensucher, die sich weigerten zu kooperieren, wurden verprügelt. Bei einer Massenjagd töteten Soldaten mehrere erwachsene Männer und zwei Bonobomütter, um ihre Kinder zu fangen. Wenn Kanos oberster Fährtensucher sich nicht zwischen die Soldaten und ihr Ziel gestellt hätte, wären wahrscheinlich noch mehr Tiere umgekommen. Gerüchten nach sollen die beiden Bonobobabys in die Hauptstadt Kinshasa gebracht worden sein, um dort einem Staatsgast als Präsent überreicht zu werden.

Wenn wir uns die Zahl der Tiere ansehen, die im Lauf der Jahre aus der Hauptuntersuchungsgruppe in Wamba verschwunden sind, wird deutlich, wie sehr sich die Situation verschlechtert hat. In den acht Jahren zwischen 1976 und 1983 gingen nur drei Individuen verloren, doch im gleich langen Zeitraum zwischen 1984 und 1991 verschwanden nicht weniger als elf Bonobos. In den vergangenen paar Jahren sind weitere zehn Menschenaffen spurlos verschwunden. Zu den Verlusten

kommt es meist dann, wenn die Forscher abwesend sind, und erstaunlich viele der
verschwundenen Bonobos sind Männer im besten Alter (Männer wagen sich im
allgemeinen näher an Jäger heran). Während die Zahl der Truppmitglieder von
Mitte der siebziger bis Mitte der achtziger Jahre wuchs, nimmt sie inzwischen ab.

Ein Eimer voller Bonoboteile, den ein Mann eines nahegelegenen Dorfes trug,
und ein getrocknetes Handgelenk mit Fragmenten von Bonobolangknochen in einem Haus eines anderen Dorfes bewiesen direkt, daß in Wamba gewildert wird.
Bei einer Umfrage in einem nahegelegenen Marktflecken gaben zwanzig Prozent
der Männer an, schon einmal Bonobofleisch gegessen zu haben. Alle hatten das
Tabu, das einen Verzehr dieses Fleisches verbietet, noch bis vor zehn Jahren be-
achtet. Eine weitere schlechte Nachricht ist, daß die Jäger wieder begonnen haben, auf altmodische Weise mit Giftpfeilen zu jagen, wahrscheinlich deshalb, weil
Giftpfeile lautlos sind und daher das Risiko, von Forschern und Behörden entdeckt zu werden, gering ist.

Die Abnahme der Bonobopopulation hat Kano und seine Kollegen dazu veran-
laßt, einen Plan für ein Bonoboschutzgebiet zu entwickeln. Die Luo Special Protection Area (etwa: Sonderschutzgebiet Luo) soll ein Reservat von 6 000 Quadratkilometern rund um Wamba mit etwa fünfzig Dörfern umfassen. Falls dieses
Projekt realisiert werden sollte, sind Werbekampagnen, Erziehungsprogramme,
Antiwildererpatrouillen und ein Überblick über die Bonobopopulation im östli-
chen Teil ihres Verbreitungsgebiets geplant. Das Projekt könnte dazu beitragen,
die Expansion von Kaffeeplantagen zu stoppen. Das geplante Schutzgebiet erstreckt sich weit über die Grenzen des existierenden Wissenschaftlichen Reservats Luo hinaus. Aber wie man aus den aktuellen Problemen in Wamba ersehen
kann, bliebe die Durchsetzung des Jagdverbots selbst dann, wenn man die Unterstützung der Regierung für diesen Plan gewinnen könnte, eine große Herausforderung.

Obgleich in westlichen Medien immer noch Geschichten kursieren, daß Menschenaffen in großem Maßstab für die biomedizinische Forschung gefangen oder
getötet werden, haben die meisten derartigen Einrichtungen heute wegen erfolg-
reicher Zuchtprogramme und des reduzierten „Verbrauchs" von Tier- und besonders von Menschenaffen einen Überschuß an Primaten. Zudem ist der Handel
dank internationaler Gesetze praktisch völlig zum Erliegen gekommen. Nun sind
die ernsteste Bedrohung für tropische Primaten, einschließlich der Bonobos, Habitatzerstörung und Handel mit Wildtierfleisch.

Die industrielle Ausbeutung von Tropenholz ist im Kongo wegen der Unzugänglichkeit des Kongobeckens ein geringeres Problem als in anderen tropischen
Regionen, aber es wird dennoch geschätzt, daß jedes Jahr 200 000 Hektar Wald
bei Rodungen für den Ackerbau und weitere 200 000 Hektar für das Schlagen von
Feuerholz und für die Holzkohleherstellung verlorengehen.

Ein großer deutscher Furnierhersteller begann 1981, rund um den Lomakowald herum Bäume zu fällen, gab die Konzession 1987 aber wieder auf, wobei er
eine Fläche von 3 800 Quadratkilometern zurückließ, die man in ein Reservat um-
wandeln könnte. Holzstraßen nach Westen erschließen diesen Bereich jedoch
teilweise für Jäger und den Brandrodungsackerbau. Pläne für ein Lomakoschutz-

gebiet wurden den Behörden 1990 übergeben; die Zustimmung der Regierung steht noch aus.

Neben der Holzkohle gibt es ein weiteres „Waldprodukt", das an die urbane Bevölkerung verkauft wird: das Fleisch der dort lebenden Wildtiere. Der Handel mit Wild bringt den Menschen im Landesinneren, von denen viele am Rand des Existenzminimums leben, ein wenig des so dringend benötigten Bargelds ein. In der Gegend um eine neue Bonoboforschungsstätte, in Lilungu, waren Gewehre selten, und man glaubte die Bonobos durch lokale religiöse Gesetze geschützt. Spanische Primatologen entdeckten jedoch mehr als tausend Drahtschlingen im Wald. Selbst wenn die Schlingen nicht für die Affen bestimmt waren, stellen solche Wilderermethoden eine ernste Bedrohung für das Überleben der Bonobos dar, denn sie verursachen Wunden, die zu tödlichen Entzündungen führen können.

Das traurigste Nebenprodukt des Handels mit Wildtierfleisch sind die überlebenden Menschenaffenkinder, die vom Bauch ihrer Mütter gerissen werden. Diese jungen Menschenaffen werden als Schoßtiere verkauft, was oft gleichbedeutend mit einem langsamen, elenden Dahinsiechen infolge falscher Ernährung und schlechter Lebensbedingungen ist. Einige junge Bonobos hatten das Glück, bei Delfi Messinger zu landen. Messinger hat bisher ein Dutzend kranker und unerwünschter Bonobowaisen aufgenommen, um die sie und ihre Mitarbeiter sich unter den schwierigsten Bedingungen kümmern. Als die belgische und die französische Regierung 1991 15 000 Ausländer wegen der Aufstände und Plündereien in Kinshasa evakuierten, soll sich Messinger entschieden haben, zu bleiben und ihre Bonobos zu verteidigen. Sie malte in Großbuchstaben „SIDA" – das französische Äquivalent für AIDS – über den Eingang der Einrichtung. Und ihre List hatte Erfolg – die Plünderer machten einen weiten Bogen um den Ort.

Wildtiere, einschließlich Tier- und Menschenaffen, werden im Kongo in zunehmendem Maß um ihres Fleisches willen getötet. Hier schneiden die Dorfbewohner von Wamba einen Ducker auf.

BONOBOS IM ZOO

Bonobos führen in Gefangenschaft ein langes und gesundes Leben, und sie pflanzen sich gut fort. Das Problem ist, daß weltweit insgesamt nur etwa hundert Bonobos in Zoos gehalten werden. Eine so kleine Population macht es praktisch unmöglich, eine genetische Vielfalt aufrechtzuerhalten. Sicherlich kann keine einzelne Institution allein ein Zuchtprogramm auf die Beine stellen, das die Überlebensfähigkeit der Art in Gefangenschaft garantiert, und selbst wenn alle Bonobohalter kooperieren – was der Fall ist –, bleibt es eine schier entmutigende Aufgabe, die häufigen genetischen Austausch erfordert. Bonobos, die einer Institution gehören, werden daher jederzeit, wenn nötig, an eine andere ausgeliehen. Zwei Programme koordinieren die Zuchtbemühungen: der Species Survival Plan (SSP – Plan für das Überleben der Art) in Nordamerika und das European Endangered Species Programme (EESP – Europäisches Programm für gefährdete Arten).[1]

Die meisten Zoos arbeiten mit kleinen Gruppen: Gegenwärtig beträgt die durchschnittliche Gruppengröße in Gefangenschaft nur 5,6 Tiere. Die größten Gruppen findet man im Tierpark Planckendael in Mechelen, Belgien, und im Milwaukee County Zoo (Milwaukee, Wisconsin), aber selbst diese Kolonien müssen noch beträchtlich wachsen, bevor sie mit den bekanntesten Schimpansenkolonien mithalten können, von denen einige heute bereits dreißig Individuen umfassen. Die geringe Größe von Bonobogruppen in Zoos liegt zum Teil natürlich an dem relativen Mangel verfügbarer Affen, aber auch am Verkennen ihrer sozialen Bedürfnisse. Dazu kam der Wunsch vieler zoologischer Gesellschaften, diesen seltenen Primaten zu zeigen. Das hat die Population zerstreut, um so viele Zoos wie möglich zufriedenzustellen. Seit 1993 sind die Zuchtprogramme jedoch dazu übergegangen, hauptsächlich heranwachsende Bonobofrauen auszutauschen und die Söhne, wo immer möglich, bei den Müttern zu lassen; zudem ist man bemüht, größere Gruppen aufzubauen. Es ist zu hoffen, daß diese Politik zu natürlicheren Gruppierungen führt, die dem komplexen Sozialleben dieser Art gerecht werden.[2]

Wenn man Glück hat, kann man schon bei einem kurzen Zoobesuch interessantes Bonoboverhalten beobachten, aber im allgemeinen erfordert es etwas mehr Geduld, die Art sozialer und sexueller Interaktionen zu sehen, die in diesem Buch beschrieben werden. Am besten ist es, regelmäßig einen nahegelegenen Zoo zu besuchen und die Gesichter der Affen unterscheiden zu lernen. Einige Zoos haben eine Porträtgalerie, die dabei hilft, die einzelnen Tiere zu benennen; im Zweifelsfall kann man auch einen Tierpfleger nach ihren Namen fragen. Ebensogut kann man den Tieren selbst Namen geben. Eine individuelle Identifikation ist der erste Schritt, um Bonobos kennenzulernen und ein Gefühl für ihre sozialen Beziehungen zu entwickeln. Einige Tiere sind enge Freunde – das heißt, sie groomen sich häufig und unterstützen sich bei Kämpfen. Andere können sich nicht ausstehen: Sie gehen sich gewöhnlich aus dem Weg und haben immer wieder einmal Streit. All dies läßt sich nur allmählich entdecken, denn wenn Beobachter sagen, daß ein Verhalten „häufig“ oder „regelmäßig“ auftritt, meinen sie damit manchmal nur ein- oder zweimal am Tag. Ein seltenes Verhalten tritt vielleicht nur einmal in der Woche oder im Monat auf, und um es zu sehen, braucht man noch mehr Geduld.

Die Freude, Bonobos zu beobachten, steigt beträchtlich, wenn man ein Kind aufwachsen sieht und beobachtet, wie sich sein Verhalten und seine sozialen Beziehungen verändern. Je länger man eine Gruppe verfolgt, desto stärker erinnert deren eng verflochtenes soziales Leben an eine Seifenoper: Es gibt glückliche und ausgelassene, aber auch traurige und bewegende Momente. Was jeden Amateurbeobachter vielleicht am stärksten beeindrucken wird, ist die unglaubliche individuelle Vielfalt unter Bonobos. Wie Menschen unterscheiden sie sich in Intelligenz, Temperament und Verhalten stark voneinander. Sobald man sie jedoch erst einmal als Individuen akzeptiert hat, wird man rasch damit beginnen, sie als die unterschiedlichen Persönlichkeiten zu sehen, die sie sind.

Der internationale Schmuggel wilder Primaten, der einst ein großes Problem war, ist praktisch zum Erliegen gekommen. Obgleich Menschenaffenkinder nicht länger ihres Exportwertes wegen gefangen werden, nimmt man sie häufig von ihren Müttern, die ihres Fleisches wegen erschossen worden sind. Waisenkinder, die als Schoßtiere gehalten werden, haben meist ein kurzes, trauriges Leben, aber für diese beiden wird in einem Menschenaffenwaisenhaus in Kinshasa gut gesorgt.

DER KAMPF
UMS ÜBERLEBEN

Menschen markieren ihre Territorien: Längs eines Pfades, der durch den Wald um Wamba führt, haben Dorfbewohner Graffiti in einen Baum geritzt. Bäume gehören zur alltäglichen Umwelt der Bonobos; sie bieten Sicherheit und Nahrung. Wie lange wird der Regenwald im Kongo noch relativ unberührt von Menschenhand bleiben?

Ein Mann aus einem Dorf in der Nähe von Wamba bereitet sich auf eine Jagd vor, indem er seinen Bogen bespannt (o b e n). Er jagt Tieraffen, Ducker und andere Waldtiere, versichert aber, er halte sich an das lokale Tabu, das das Töten von Bonobos verbietet. Doch selbst wenn Bonobos nicht das eigentliche Ziel sind, droht ihnen von diesen Jagden ernsthafte Gefahr. Diese Bonobofrau (r e c h t s) verlor ihre Hand höchstwahrscheinlich durch eine Drahtschlinge. Sehr viele Bonobos leiden unter solchen Deformationen.

Bonobos überqueren eine Straße, während Schul-
kinder im Hintergrund zusehen. Selbst im Herzen
des Bonoboverbreitungsgebiets übersteigt die Zahl
der Menschen inzwischen die der Menschenaffen.
Eine Koexistenz ist jedoch möglich, wie die Erfahrungen in Wamba zeigen. Wir können nur hoffen,
daß die lokale Tradition des Respekts für diese Art
an zukünftige Generationen weitergegeben wird.

KAPITEL 1 DER LETZTE MENSCHENAFFEFFE

1   Cartmill (1993), 14

2   Yerkes (1925), 246

3   Man geht allgemein davon aus, daß es wegen der Flußbarriere keine Überlappung zwischen Bonobo- und Schimpansenpopulationen gibt (Menschenaffen können nicht schwimmen). Eine genetische Analyse könnte helfen festzustellen, ob es in der Vergangenheit, als der Fluß vielleicht noch nicht so breit war, längs des Flusses zu einer Hybridisierung gekommen ist.

4   Yerkes (1925), 244

5   Die Tatsache, daß in dieser Nacht alle Bonobos vor Angst starben, wohingegen keiner der zahlreichen Schimpansen im Zoo ein ähnliches Schicksal erlitt, spricht für die außerordentliche Sensibilität der Bonobos (Tratz und Heck, 1954).

6   Tratz und Heck (1954), 99

7   Morris (1967) behauptet beispielsweise, der „nackte Affe" (seine Bezeichnung für unsere Art) sei der sinnlichste lebende Primat, der einzige, der den weiblichen Orgasmus kenne, und er behauptet ferner, dessen männliche Vertreter seien mit dem größten Penis aller Primaten ausgestattet. Obwohl ich keinerlei detaillierte Messungen von Bonobopenes kenne, wird jeder, der einen Mann dieser Art mit voll erigiertem Penis sieht, Morris' Behauptung in Zweifel ziehen. Der Umfang eines Bonobopenis ist geringer als der eines durchschnittlichen Männerpenis, aber der Bonobopenis erscheint absolut wie auch relativ zum kleineren Körper des Bonobo deutlich länger. Was den weiblichen Orgasmus und die allgemeine „Sinnlichkeit" angeht, so sei der Leser auf Kapitel 4 verwiesen.

8   Das Geburtsgewicht eines Bonobo beträgt nur drei Viertel desjenigen eines Schimpansen. Thompson-Handler (1990) berechnete für acht in Gefangenschaft geborene Bonobos ein mittleres (+/- Standardabweichung) Gewicht von 1381 +/- 199 Gramm, wohingegen neugeborene Schimpansen etwa 1800 Gramm wiegen. Vorläufige Daten über die relativ geringe Wachstumsgeschwindigkeit von Bonobos findet man bei Kuroda (1989).

9   Campbell (1980), 7

KAPITEL 2 ZWEI ARTEN VON SCHIMPANSEN

1   Coolidge (1933), 56

2   Eine größere lokomotorische Effizienz beim zweibeinigen Gang, wie von Rodman und McHenry postuliert, ist von Streudel (1994) kritisch diskutiert worden. Die Savannenstory über die Entwicklung des aufrechten Gangs, mit der wir alle aufgewachsen sind, ist als direktes Ergebnis neuer Hominidenfossilien in die Diskussion geraten. Einen populären Überblick findet man bei Shreeve (1996).

3   Informationen über Little Foot und die Rolle des Waldhabitats für die Evolution des Menschen findet man bei Susman u. a. (1984), Boesch und Boesch (1994) sowie Clarke und Tobias (1995).

4   Susman (1984), 390

5   Der größte cytogenetische Unterschied zwischen Menschen und Menschenaffen besteht darin, daß wir nur 46 Chromosomen besitzen, Menschenaffen hingegen 48. Im Lauf der Evolution haben Menschen zwei stammesgeschichtlich alte Chromosomen zu einem einzigen verschmolzen. Vergleiche von Karyotypen zeigen, daß sich Menschenaffen (a) weiter von dem gemeinsamen Vorfahren fortentwickelt haben, als allgemein angenommen, und (b) der Bonobo der chromosomal am stärksten spezialisierte afrikanische Menschenaffe ist. Aufgrund dieser Erkenntnisse stellen Stanyon u. a. (1986) die These, daß *Pan paniscus* das beste rezente Modell des gemeinsamen Vorfahren darstellt, in Frage.

6   In manchen akademischen Kreisen werden Menschenaffen gern mit Menschenkindern verglichen. Menschenaffen gelten häufig als niedliche und verspielte Geschöpfe, die dauernd irgendwelche Streiche aushecken. Das mag für junge Men-

schenaffen zutreffen, nicht aber für die erwachsenen. Das Neotenieargument folgt genau der umgekehrten Logik: Es besagt, daß erwachsene Menschen mehr mit Menschenaffenkindern gemein haben als mit erwachsenen Menschenaffen (de Waal, 1989, 249–52). Die Vorstellung, daß juvenile Merkmale im Verlauf der Evolution erhalten bleiben, geht auf Louis Bolks (1926) These zurück, nach der *Homo sapiens* einem geschlechtsreif gewordenen Primatenfetus ähnelt. Neotenie wird von Gould (1977) ausführlich diskutiert. Was die Anwendung der Neoteniehypothese auf die Bonoboevolution angeht, siehe Shea (1983) und Blount (1990).

7 Der Echtschimpanse *(Pan troglodytes verus)* lebt in Westafrika, der Tschego *(P. t. troglodytes)* in Zentralafrika und der kleinere, langhaarigere Schweinfurth-Schimpanse *(P. t. schweinfurthii)* in Ostafrika. Schimpansen-DNS wurde von Morin u. a. (1994), Bonobo-DNS von Gerloff u. a. (1995) analysiert.

8 Die Ergebnisse wurden einschließlich der Klangspektrogramme als detaillierte quantitative Verhaltensbeschreibung in der Zeitschrift *Behaviour* (de Waal, 1988) publiziert. Ein 54minütiger Videofilm, *Social Ethogram of the San Diego Bonobos*, illustriert die Verhaltensmuster. Eine 6minütige Audiokassette, *Vocal Repertoire of the Bonobo Compared with That of the Chimpanzee*, illustriert die Rufe. (Kopien beider Bänder können ausgeliehen oder gekauft werden via Primate Library of the Wisconsin Regional Primate Research Center, 1223 Capitol Court, Madison, WI 53715–1299, USA; Telefon: 001/608/263–3512.) Neben Vergleichen mit den Schimpansenethogrammen von Goodall (1968) und van Hooff (1973) läßt sich mein Ethogramm mit dem Bonoboverhalten vergleichen, das zuvor von Patterson (1979), Kano und Mitarbeitern (zum Beispiel Kano, 1980; Kuroda, 1980; Mori, 1984) und besonders Jordan (1977) beschrieben wurde. Die Analyse kategorisiert Verhaltensmuster anhand der Situation, in der sie gewöhnlich auftreten. So wird eine Lautäußerung, die häufig einem Angriff vorausgeht, als Drohung klassifiziert, eine Geste im Zusammenhang mit Grooming als bindend.

9 Bonobos sind wahre Akrobaten, für die Hände und Füße austauschbare Greiforgane sind. Sie benutzen beispielsweise einen Fuß, um etwas aufzunehmen, ein Objekt zu halten, einander zu treten, zu masturbieren oder um Kontakt aufzunehmen. Schimpansen sind dazu ebenfalls in der Lage, tun es aber seltener, als hätte bei ihnen eine größere funktionelle Differenzierung zwischen Händen und Füßen stattgefunden. Das zeigt sich bereits im frühen Kindesalter. Als Vauclair und Bard (1983) Objektmanipulationen bei drei siebenmonatigen Primaten – Mensch, Schimpanse und Bonobo – untersuchten, fanden sie, daß das Menschenkind komplexere Manipulationen durchführte als die beiden Menschenaffenkinder, die sich ihrerseits nicht voneinander unterschieden. Die Extremitäten, die zur Manipulation dienten, variierten jedoch beträchtlich: Menschen- und Schimpansenkind benutzten ihre Füße nur selten, wohingegen das Bonobokind seine Füße mehr als vierzig Prozent der Zeit zur Objektmanipulation verwendete.

10 Das Entblößen der Zähne diente ursprünglich zweifellos dazu, Verteidigungsbereitschaft zu signalisieren. Im Verlauf der Evolution bahnte sich dann ein Funktionswechsel an, und dieses ausdrucksstarke visuelle Signal vermittelte zunehmend Unterwerfung und niedrigen Rang. Bei einigen Arten flossen beschwichtigende und freundliche Absichten in die Bedeutung ein, wie hier für den Bonobo angenommen. Obgleich van Hooffs (1972) Analyse der Evolution des Lachens und Lächelns den Bonobo nicht berücksichtigt, liefert sie Stoff zum Nachdenken für alle, die sich für die Gefühlsexpression bei Mensch und Tier interessieren, ein Thema, das erstmals von Darwin (1872) ernsthaft diskutiert wurde.

11 Einige dieser San-Diego-Stories werden von Heublein (1977) zitiert. Allgemeine Informationen über Zuschreibung und Perspektivenübernahme (gelegentlich als eine *theory of mind*, als eine „Theorie des Denkens über andere" bezeichnet) bei Menschenaffen und jungen Menschenkindern findet man bei Butterworth u. a. (1991) und Whiten (1991). De Waal (1996) diskutiert, wie diese Fähigkeiten mit Sympathie und Empathie korreliert sein könnten. Siehe auch Kapitel 6.

12 Das Sich-selbst-im-Spiegel-Erkennen ist ein kontrovers diskutiertes Gebiet. Ob Gorillas diesen entscheidenden Test bestehen, war lange Zeit umstritten, und was der Test im

Hinblick auf „Selbstbewußtsein" wirklich bedeutet, ist noch immer ungeklärt. Einen
Überblick über die aktuelle Diskussion, darunter auch Befunde, die für das Sich-selbst-
Erkennen bei Gorillas sprechen, findet man bei Parker u. a. (1994). Vorläufige Spiegelun-
tersuchungen mit Bonobos sind von Westergaard und Hyatt (1994) sowie von Walraven
u. a. (1995) durchgeführt worden.

13   Im Jahr 1993 trafen C. P. van Schaik und seine Mitarbeiter in Suaq Balimbing (Sumatra)
auf eine Orang-Utan-Population, in der einzelne Affen Werkzeuge herstellten und sie
ihren Bedürfnissen anpaßten. Beispielsweise brachen sie Zweige ab und befreiten sie von
Blättern, um Honig aus den Nestern von stachellosen Bienen zu pulen oder um nach Insekten zu stochern. Das waren die ersten derartigen Beobachtungen bei wilden Orang-
Utans. Sie bestätigten jahrzehntealte Erkenntnisse über den Werkzeuggebrauch dieser
Art in Gefangenschaft und stellen die Technik von Orang-Utans auf die gleiche Stufe mit
derjenigen von Schimpansen. Die Autoren ziehen den Schluß, daß die kognitiven Kapa-
zitäten für einen flexiblen Werkzeuggebrauch zumindest bis zum gemeinsamen Vorfahren von Orang-Utans, afrikanischen Menschenaffen und Hominiden zurückreichen müssen. Siehe dazu van Schaik u. a. (1996).

14   McGrew (1992) klassifizierte die Werkzeugtechnik von Schimpansen überall in Afrika,
um die These zu untermauern, daß jede Gemeinschaft eine eigene Materialkultur aufweist. Siehe dazu auch Nishida (1987) und Wrangham u. a. (1994).

15   Beim Menschen ist die rechte Großhirnhemisphäre auf mentale Parallelverarbeitung,
Kontrolle der emotionalen Reaktionen und Gesichterverarbeitung spezialisiert, die linke
Hemisphäre hingegen auf analytisches Denken und Sprache. Einen Überblick über die
Lateralitätsforschung bei nichtmenschlichen Primaten findet man bei Hopkins und Mor-
ris (1993). Hopkins und de Waal (1995) vergleichen die Daten von 21 Bonobos im Yerkes-
Primatenzentrum und im Zoo von San Diego.

16   Tomasello u. a. (1993) argumentieren, daß Kanzi möglicherweise Fähigkeiten besitzt, die
Menschenaffen fehlen, die nur wenig Umgang mit Menschen haben. Bei einem Vergleich
mit (a) von ihren Müttern aufgezogenen Menschenaffen, (b) Menschenaffen wie Kanzi,
die in engem Kontakt mit menschlichen Pflegern aufwuchsen, und (c) Menschenkindern
fanden die Forscher, daß die von ihren Müttern aufgezogenen Menschenaffen beim Imitieren eines Experimentators am schlechtesten abschnitten. Auf der anderen Seite schnitten die in engem Kontakt mit Menschen aufgewachsenen Menschenaffen ebensogut ab
wie die Menschenkinder. Die Autoren sprechen von „enkulturierten" Affen und vertreten
die Ansicht, daß der intensive Kontakt mit dem menschlichen Kulturraum kognitive
Fähigkeiten weckt, die nicht aktiviert werden, wenn die Affen nur mit ihresgleichen Kontakt haben. Es bietet sich jedoch eine alternative Erklärung an: Vielleicht imitieren Menschenaffen nur die Art, die sie aufzieht. Mit anderen Worten, die von ihren Müttern aufgezogenen Menschenaffen schenken Menschen vielleicht nicht besonders viel
Aufmerksamkeit, imitieren hingegen ihre Artgenossen gern.

17   Savage-Rumbaugh und Lewin (1994), 174

KAPITEL 3   IM HERZEN AFRIKAS

1   Über das Für und Wider von Anfüttern wird noch immer intensiv diskutiert (Asquith,
1989). Bei den beiden erfolgreichsten Langzeitprojekten mit wilden Schimpansen –
demjenigen von Jane Goodall und demjenigen von Toshisada Nishida, beide in Tansania
– wurden begrenzte Mengen Bananen oder Zuckerrohr ausgelegt (anfangs führte das Anfüttern mit großen Mengen zu Auseinandersetzungen). In jüngerer Zeit haben Wissenschaftler sich die Mühe gemacht, Schimpansen ohne Anfüttern zu habituieren. Das dauert zwar länger, aber es lohnt sich; ein erstklassiges Beispiel dafür ist das Projekt von
Christophe Boesch im Tai-Nationalpark an der Elfenbeinküste. Beim Aufbau der Bonoboforschung im Lomakowald ist ebenfalls auf Anfüttern verzichtet worden (siehe oben, Seiten 62–64; bei Fruth [1995, 37f.] findet sich eine Beschreibung der Habituationstechnik).
Obgleich es dieser Forschungsstation in der Vergangenheit an Kontinuität mangelte,
könnte sie zu einer weiteren Station werden, die ohne Anfüttern erfolgreich arbeitet. Das

wäre um so wichtiger, weil Lomako, wenn auch nicht mehr unberührt, so doch abgelegener ist als Wamba und die Tiere hier weniger gestört werden (Thompson-Handler u. a., 1995).

2   Neben jungen Duckern *(Cephalophus spp.)* essen die Bonobos von Lomako auch gelegentlich erwachsene Ducker (Hohmann und Fruth, 1993). Da diese Waldantilopen bis zu zehn Kilogramm wiegen können, handelt es sich bei ihnen um relativ große Beutetiere, im gleichen Gewichtsbereich wie die Colobusaffen, die Schimpansen erbeuten.

3   Beobachtungen an wilden (Sugiyama, 1988; Boesch, 1991) wie an gefangenen Schimpansen (de Waal, 1994) zeigen, daß das Potential für Bündnisse zwischen Frauen bei dieser Art eindeutig vorhanden ist. Nach Parish (1996a) werden Frauenbündnisse bei Schimpansen durch die ökologischen Gegebenheiten eingeschränkt.

4   Über häufiges Grooming zwischen den Geschlechtern berichten Badrian und Badrian (1984b, 335f.), Kano (1992, 190) wie auch Thompson-Handler (1990). Obwohl dabei sicherlich ein gewisser Prozentsatz auf Mutter-Sohn-Kombinationen entfällt (Furuichi und Ihobe, 1994), ist das Groomingniveau auch nach Abzug der – aus Kanos Daten bekannten – Verwandtschaftsdyaden hoch. Was männliche Bindungen angeht, so ist interessant, daß nach Untersuchung der Badrians die längste Groomingsitzung, die über zwei Stunden dauerte, zwischen zwei erwachsenen Männern stattfand. Ähnlich zeigen Kanos Daten, daß die Männer in Wamba einander länger groomen als die Frauen.

5   In der Tabelle unten sind die Gesamtzahl der identifizierten Individuen *(N)* in der am besten bekannten Bonobogemeinschaft sowie das Verhältnis von adulten männlichen zu adulten weiblichen Bonobos *(M:W)* angegeben. Ein Überblick über die Größe der Gemeinschaften und Gruppen bei Bonobos findet sich bei van Elsacker u. a. (1995).

Studiengebiet	*Kommune*	*N*	*M:W*	*Quelle*
Wamba	E[a]	75	20:20	Kano 1992
Wamba	E1	32	7:9	Ihobe 1992
Wamba	E2	36	8:11	Ihobe 1992
Lomako	Hedons	44	8:14	Thompson-Handler 1990
Lomako	Rangers	26	5:8	Thompson-Handler 1990
Lomako	Eyengo[b]	34	6:12	Fruth 1995

[a] Die Gruppe E in Wamba besteht aus der nördlichen und der südlichen Untergruppe, die sich auf Dauer in E1 und E2 aufgespalten haben, nachdem die Gruppe E ihre hier beobachtete Maximalgröße von N = 75 erreichte. Zur Aufspaltung kam es um 1982; die Größe der Gruppen E1 und E2 ist für 1987 angegeben.
[b] Die „Rangers" in Lomako wurden nach einem Flußlauf in ihrem heimatlichen Streifgebiet in „Eyengo" umbenannt. Die Daten von Thompson-Handler (1990) beziehen sich auf den Zeitraum von 1984—86, die Daten von Fruth (1995) auf 1994.

6   Die Verluste, die große Menschenaffen durch Raubtiere erleiden, galten lange als unbedeutend, bis in neuerer Zeit Berichte von Löwen- und Leopardenjagden auf Schimpansen die Runde machten (zum Beispiel Boesch, 1991). Die Tatsache, daß Schimpansen und Bonobos jede Nacht Nester bauen, um nicht auf dem Boden zu schlafen, deutet darauf hin, daß nächtlich jagende Raubtiere eine ernsthafte Gefahr sein könnten.

7   Kano (1992), 193

8   Kano (1992, 176) berichtet von feindlichen Begegnungen an der Futterstelle in Wamba, wobei nur 3,4 Prozent auf Auseinandersetzungen zwischen einem adulten oder adoleszenten weiblichen Bonobo und einer anderen Bonobofrau entfielen; überwiegend waren Männer sowohl Angreifer als auch Ziel von Angriffen. Kämpfe zwischen Bonobofrauen „waren viel heftiger als Kämpfe zwischen anderen Dyaden, obgleich nicht so häufig". Furuichi (1989, 194) bemerkt dazu: „Diese Tendenzen spiegeln möglicherweise die auf Konkurrenz ausgerichtete Natur der Beziehungen zwischen nichtverwandten Frauen wider."

9   Kano (1992, 183f.) beschreibt den Rangtausch zwischen Koguma und Ude und erklärt dazu: „Eine starke Mutter (...) kompliziert die Situation. Ihr Sohn erreicht eine unver-

nünftig hohe Position. Dieser gehobene Rang kann leerer Schein und ein temporäres Phänomen sein oder auch beibehalten werden. Interessanterweise können junge Söhne Fähigkeiten und Durchsetzungsvermögen ihrer Mütter offenbar sehr gut einschätzen, denn die Söhne niederrangiger Bonobofrauen benehmen sich keineswegs derart dreist und herausfordernd." Dieses taktische Gespür spiegelt sich im Kampf zwischen Ten und Ibo wider, über den Furuichi (1992a) berichtet: Es war wohl kaum ein Zufall, daß Ten Ibo erst herausforderte, als Kame körperlich abgebaut hatte.

10 Ich beobachtete weibliche Dominanz zum erstenmal 1985 bei einem Folgebesuch im Zoo von San Diego. Ein Bonobomann, der während meiner früheren Besuche eine einzelne adulte Frau dominiert hatte, wurde nun mit zwei Frauen zusammengehalten, von denen die ältere eindeutig die Oberhand hatte. Wenn Futter ins Gehege geworfen wurde, suchte sich diese Frau die besten Stücke heraus, bevor der Mann auch nur in die Nähe des Futters kam. Man könnte argumentieren, das sei kein Beweis für die Dominanz der Frau. Vielleicht war der Mann nur tolerant und respektvoll. Doch diese Frau jagte den Mann auch gelegentlich; das Umgekehrte kam niemals vor. Derartige Merkmale – Priorität beim Fressen, Verjagen und Vermeidungsmuster – würde man bei irgendeiner anderen Individuenkombination (zum Beispiel unter Männern) ohne Zögern als Dominanz bezeichnen. Wenn weitere Untersuchungen nicht zeigen, daß männliche Bonobos unter bestimmten Umständen weibliche Bonobos kontrollieren können, würde ich den Schluß ziehen, daß einige der älteren Frauen im Zoo wie auch im Freiland allem Anschein nach im Rang deutlich über allen Männern stehen. Es ist zu hoffen, daß weitere Untersuchungen klären können, ob sich diese weibliche Dominanz auf Allianzen zwischen Frauen, auf männliche Hemmungen oder auf Seniorität gründet (weibliche Bonobos werden wahrscheinlich älter als männliche, wie Dyke u. a. [1995] auch für Schimpansen berichten).

11 Kano (1992), 188

12 Furuichi (1992a)

13 Bei den Schimpansen im Yerkes-Primatenforschungszentrum und den Bonobos im Zoo von San Diego wurden vier Arten unterschieden, wie pflanzliche Nahrung den Besitzer wechselte. Die Definitionen und Daten, die zeigen, daß toleranter Nahrungstransfer (das heißt spielerisches Nehmen und gemeinsames Fressen) bei Schimpansen häufiger war als bei Bonobos, sind in der Tabelle unten aufgelistet. Obgleich eine Analyse zeigt, daß die Unterschiede in allen untersuchten Kategorien aufgetreten sind, ist nicht ausgeschlossen, daß Bonobos in einigen speziellen Kategorien, wie den Beziehungen zwischen älteren Frauen, genauso tolerant oder sogar toleranter als Schimpansen sind.

	Schimpansen	Bonobos
Zahl der Nahrungstransfers	2 377	598
Gewaltsame Aneignung oder Diebstahl[a]	9,5%	44,5%
Spielerisches Nehmen[b]	37,1%	15,7%
Gemeinsames Fressen[c]	35,9%	17,6%
Futtersammeln im Umkreis[d]	17,6%	22,2%

[a] Ein Affe verdrängt einen anderen von einer Nahrungsquelle, nimmt ihm gewaltsam Futter ab oder schnappt sich einen Brocken und rennt davon.

[b] Ein Affe nimmt unter den Augen des Eigentümers entspannt oder spielerisch Nahrung aus dessen Hand, ohne daß es zu Drohsignalen oder Gewaltanwendung kommt.

[c] Ein Affe gesellt sich zum Futterbesitzer und frißt gemeinsam mit ihm friedlich vom selben Nahrungsmittel, das unter Umständen von beiden festgehalten wird.

[d] Ein Affe wartet auf heruntergefallene Nahrungsbrocken und -stückchen, die er anschließend in Reichweite des Besitzers aufsammelt.

14 In Wamba fehlen drei Bonobos beide Hoden. Wenn sich dafür auch verschiedene Erklärungen finden lassen, so können wir doch die Möglichkeit bösartiger Attacken, wie sie bei Schimpansen beobachtet worden sind, nicht ausschließen (de Waal, 1986; Goodall,

1992). Kano dokumentiert eine erstaunliche Reihe von physischen Anomalien bei Bonobos, von denen sich die meisten auf Wildererschlingen, Giftschlangen und ähnliches zurückführen lassen. Aber er bemerkt auch: „Es ist sicher, daß Männer verletzungsgefährdeter sind als Frauen. Meist sind es Männer, die sich an innerartlichen Auseinandersetzungen beteiligen; sie neigen daher stärker zu ungestümen und akrobatischen Bewegungen. Aus diesem Grund sind sie stärker unfallgefährdet als Frauen" (Kano, 1984, 5).

15   Parish (im Druck) sammelte in Kolonien zoolebender Bonobos Berichte über kampfbedingte Verletzungen. Sie fand, daß alle Verletzungen von Frauen verursacht worden waren, die häufig gemeinsam Männer angriffen. Siehe auch das Interview mit Amy Parish auf Seiten 112–115.

16   Wrangham (1993), 71

17   Lange bevor sich die meisten von uns über die Bonoboevolution Gedanken zu machen begannen, stellte Kortlandt (1972, 15) die gleiche These auf: „Der Zwergschimpanse scheint eine recht junge sekundäre Anpassung an die periodisch überfluteten Sumpfwälder zwischen Kongo, Lualaba und Kasai zu sein, die im Süden von der Katangasenke mit ihren Seen und Sümpfen begrenzt werden. Auf die sekundäre Natur der Anpassungen dieser Art deuten ihre ‚gibbonartige' Statur, ihre selektive Nahrungswahl und typisch nichtbaumlebende Elemente in ihrem Verhalten (beispielsweise Knöchelgang auf terrestrische Weise) hin."

18   Ich spreche hier von „Mutterland", weil die friedlicheren Beziehungen zwischen Bonobogemeinschaften vielleicht eine Folge weiblicher Dominanz sind. Es liegt wahrscheinlich immer im Interesse der Männer, Frauen der Gruppe davon abzuhalten, mit Männern außerhalb der Gruppe zu kopulieren. Diese Einschränkung liegt jedoch nicht im Interesse der Frauen, da es ihre Auswahl an geeigneten Geschlechtspartnern begrenzt. Als die Frauen erst einmal die Oberhand gewonnen hatten, haben die Männer möglicherweise die Kontrolle in diesem kritischen Punkt verloren. Wenn es regelmäßig zu Paarungen zwischen Männern und Frauen verschiedener Kommunen kommt, könnte dies die Konkurrenz unter Männern im Hinblick auf Territorien und die darin lebenden Frauen verringern. Erstens könnten einige ihrer Konkurrenten – die „feindlichen" Männer der Nachbarterritorien – ihre Brüder, Väter und Söhne sein. Zweitens sind keine riskanten Kämpfe um den Zugang zu den Nachbarsfrauen mehr nötig, falls es Gelegenheiten gibt, sie zu befruchten, wenn die Kommunen sich begegnen und mischen. Kurz gesagt, die sexuellen Beziehungen zwischen den Kommunen haben vielleicht einige der evolutionären Vorteile zunichte gemacht, die die Männer aus einer Kriegführung zwischen den Kommunen ziehen.

KAPITEL 4 MENSCHENAFFEN VON DER VENUS

1   Hockett und Ascher (1968), 34

2   Wescott (1968), 92

3   Jordan (1977), 175

4   Die San-Diego-Zookolonie bildet insofern eine Ausnahme, als ventro-ventrale Sexualpositionen häufiger sind als ventro-dorsale. Das war in dieser Kolonie, bereits eine Dekade bevor ich meine Untersuchungen begann, der Fall (siehe Patterson, 1979). Die Prozentsätze verschiedener Sexualpositionen und erotischer Verhaltensmuster sind in der folgenden Tabelle zusammengefaßt, die auf 698 soziosexuellen Interaktionen beruht:

Verhaltensmuster[a]	Partnerkombinationen	
	heterosexuell[b]	andere[c]
ventro-ventrale Besteigung oder GG-Reiben	81%	52%
ventro-dorsale Besteigung	17%	25%
Rücken-an-Rücken-Reiben	0%	5%
Fellatio	0%	3%
Mund-/Zungenküsse	1%	8%
Genitalmassage	2%	7%

[a] Außerdem kam es 39 mal zur Masturbation.

[b] Paare adulter und/oder adoleszenter Individuen unterschiedlichen Geschlechts.

[c] gleichgeschlechtliche Kombinationen und Kontakte, an denen noch nicht geschlechtsreife Individuen beteiligt waren.

5 Goldfoot u. a. (1980)

6 Savage-Rumbaugh und Wilkerson (1978), 337

7 84 Prozent aller Kulturen auf der Welt erlauben es einem Mann, mehrere Frauen zu heiraten (Whyte, 1978), doch nur wenige Männer in diesen Kulturen verfügen über genügend Ressourcen, um eine große Familie zu unterhalten. Real gesehen, bestehen die meisten Familien weltweit aus einem Mann und einer Frau.

8 Auf der Basis von 16 Lebendgeburten bei Bonobos in Gefangenschaft ermittelte Thompson-Handler (1990) eine Schwangerschaftsdauer von 244 Tagen (Median)*; die Spannbreite reichte dabei von 227 bis 277 Tagen. Die Intervalle zwischen den Geburten in Wamba wurden 1995 auf einem Symposium diskutiert (Furuichi, unveröffentlicht). Furuichi vertritt die Ansicht, daß wir mehr Daten benötigen, bevor wir den Schluß ziehen können, daß die Geburten bei Bonobos im Durchschnitt rascher (das heißt im Abstand von 4,5 Jahren) aufeinanderfolgen als bei Schimpansen. Die Daten von wilden Schimpansen stammen überwiegend aus relativ offenen Habitaten. Die Geburtsabstände bei waldlebenden Schimpansen könnten wegen der ähnlichen Umweltbedingungen und ähnlicher Nahrungsbasis stärker denjenigen von Bonobos gleichen.

9 Die Daten über die genitale Anatomie, Menstruationszyklus und sexuelle Aktivität stammen von Savage und Bakeman (1978), Dahl (1986), Dahl u. a. (1991), de Waal (1987), Furuichi (1987 und 1992b), Blount (1990) und Wrangham (1993).

10 Die Genitalschwellungen entwickelten sich wahrscheinlich nach der Mensch-Menschenaffen-Aufspaltung und nur in der *Pan*-Linie; wie wir haben Gorillas und Orang-Utans keine oder nur sehr kleine Schwellungen (siehe den Übersichtsartikel von Hrdy und Whitten, 1987, über die sexuelle Reklame weiblicher Primaten). Wenn das richtig ist, bedarf der „Verlust" der Genitalschwellung bei unserer Art keiner Erklärung, da wir von vornherein keine derartigen Schwellungen hatten. Es ist jedoch auch spekuliert worden, daß unsere Vorfahren anfänglich Genitalschwellungen besaßen, die im Lauf der Zeit durch permanente Gesäßbacken ersetzt wurden (Szalay und Costello, 1991), und daß die Brüste und die fleischigen Lippen unserer Art Gesäßbacken beziehungsweise Schamlippen imitieren (Morris, 1977). Die Verlagerung von Signalstrukturen von hinten nach vorn könnte mit dem frontalen Geschlechtsverkehr in Zusammenhang stehen. Es ist daher interessant, daß Bonobos ebenfalls rosafarbene Lippen wie auch Brüste haben, die stärker vorgewölbt erscheinen als bei anderen Menschenaffen.

11 Fisher (1983), 220

12 Small (1993), 198

13 Ins Englische übersetzt von Suehisa Kuroda aus seinem japanischen Originaltext; Kuroda (1982).

---

* Bei kleinem Stichprobenumfang oder bei einer Grundgesamtheit, deren Verteilung nicht bekannt ist, wird statt des üblichen Mittelwerts der Median angegeben, der von Extremwerten nicht so stark beeinflußt wird wie der Mittelwert; bei einer normalverteilten Grundgesamtheit fallen Mittelwert und Median zusammen. (Anm. d. Üb.)

14   Kano (1992), 169

15   In der folgenden Tabelle sind die Lebensphasen wilder Bonobofrauen aufgeführt, deren Alter nach dem geschätzt wurde, was wir über Schimpansen und gefangene Bonobos wissen. Was Vergleiche der Lebensgeschichten von Bonobos und Schimpansen angeht, siehe Wrangham (1993) und Thompson-Handler (1990).

Lebensphase	*Alter (in Jahren)*	*Quelle*
Stillzeit	0–5	Kuroda, 1989
erste Genitalschwellung (Beginn der Pubertät)	7	Kano, 1989
beginnt zwischen verschiedenen Gruppen hin- und herzuwandern	8	Kano, 1992
schließt sich einer neuen Gruppe an	9–13	Furuichi, 1989
Menstruation und voll entwickelte Schwellung	10	(Schätzung)
Ende des Wachstums (ausgewachsen)[a]	14–16	Kuroda, 1989
erstes Kind	13–15	Kuroda, 1989
Ende der Ovulation (Menopause)	40	(Schätzung)
Anzahl möglicher Nachkommen im Lauf des Lebens: 5–6		
Lebensdauer	50–55	(Schätzung)

[a] Parish (im Druck) liefert den umfassendsten Datensatz über die Gewichtsentwicklung bei gefangenen Bonobos.

16   Parish (1996b) fand heraus, daß sich gefangene Bonobofrauen, die in der Pubertät nicht aus ihrer Geburtsgruppe herausgenommen wurden, erst einige Jahre später fortzupflanzen begannen als Frauen, die in einer anderen Gruppe integriert wurden.

17   Ausnahmen bilden die Beziehungen eines männlichen Bonobo zu seinen Schwestern väterlicherseits und seinen Töchtern. Da sich mit diesen Verwandten keine frühe Vertrautheit entwickelt, entwickelt sich auch keine sexuelle Hemmung. Daher die Notwendigkeit einer weiblichen Migration. Viele andere Primaten lösen das gleiche Problem durch männliche Migration (Pusey und Packer, 1987).

18   Hashimoto und Furuichi (1994), 159

19   Die schwierigen Zeiten, die junge Männer durchleben, beziehen sich offensichtlich nicht nur auf Sex. Fruth (1995, 126ff.) berichtet von zwei separaten Fällen, in denen pubertären Bonobomännern in Lomako der Zugang zum Futter verweigert wurde. Sie wurden systematisch aus Futterbäumen gejagt und von Nahrungsquellen verdrängt und mußten sich mit Resten begnügen. Nur wenn sie allein mit ihren Müttern umherzogen, konnten sie ungestört essen. Einer dieser Männer verschwand während der Untersuchung. Die Forscherin merkt an, daß junge Frauen dieses Problem durch Allianzen mit älteren Frauen lösen können, die ihnen den Zugang zu Futterbäumen gestatten.

20   Kano beschrieb das Zweigefallenlassen auf einem Symposium 1994. Trotz der positiven Beziehung zwischen männlichem Rang und Paarungserfolg werden nur 5,2 Prozent der Kopulationen zwischen geschlechtsreifen Tieren an der Fütterungsstelle in Wamba aggressiv unterbrochen (Kano, 1996).

21   Sugiyama (1967), 233. Sugiyama war der erste, der über den Ursprung des Infantizids spekulierte.

22   Schätzungen des Anteils von Kindstötungen an der Kindersterblichkeit beruhen auf einem kürzlich erschienenen Übersichtsartikel von E. H. M. Sterck, D. Watts und C. P. van Schaik (Sterck, 1995, 121). Zur aktuellen Debatte über den Infantizid bei nichtmenschlichen Primaten siehe *Evolutionary Anthropology* 2, 2 (1995).

23   Kano (1992), 208

24   Wrangham (1993) und Parish (1996b). Kano war der erste, der 1995 auf einem unveröffentlichten Symposium über Gegenmaßnahmen gegen Kindstötungen spekulierte.

1   Haeckel, zitiert nach Susman (1987), 85. Malinowski (1929). Diamond (1990), 441. Letzterer zitiert Berichte darüber, wie die Hawaiianer die Genitalien mit Gesängen und Tänzen verehrten und diese Körperteile bei ihren Kindern hätschelten. Brustmilch wurde in die Vagina eines Kindes gespritzt und die Schamlippen so zusammengefügt, daß sie sich nicht trennten. Die Klitoris eines kleinen Mädchens wurde durch orale Stimulation gestreckt und verlängert. Die Penes kleiner Jungen wurden ebenso behandelt, um ihre Schönheit zu betonen und sie auf die sexuellen Freuden im späteren Leben vorzubereiten.

Obgleich einige Anthropologen, die sich auf Informanten und frühe Forscher statt auf Beobachtungen aus erster Hand stützten, das Thema romantisiert haben (siehe zum Beispiel die Kritik von Margaret Mead in Freeman, 1983), ist uneingeschränkter sexueller Hedonismus nichtsdestoweniger in jedweder menschlichen Kultur unwahrscheinlich. Eine stabile Familienorganisation ist ohne moralische Einschränkungen hinsichtlich des Auslebens von Sexualität einfach nicht vorstellbar. Daher sind selbst die – in westlichen Augen – sexuell liberalsten Kulturen nicht frei von Eifersucht und Gewalt als Reaktion auf außereheliche Affären. Auf der ganzen Welt wird der Geschlechtsverkehr in der Regel privatim vollzogen (Friedl, 1994), und die Genitalregion wird gewöhnlich bedeckt gehalten, um Angehörige des anderen Geschlechts nicht unabsichtlich zu erregen. Daß selbst die frühen Hawaiianer Keuschheit kannten, zeigt sich in ihrem Wort für Lendenschurz, *malo*, das sich höchstwahrscheinlich von dem malaiischen Wort für Scham, *malu*, ableitet (Wulf Schiefenhövel, persönliche Mitteilung).

2   Reynolds (1967b), 34f.

3   Paviane sind eine weitere Primatenart, die den gleichen Lebensraum erfolgreich erobert hat. Einige Pavianarten bilden Ein-Männchen-Einheiten, in denen ein Männchen ständig mit mehreren Weibchen zusammenlebt (Kummer, 1968), wohingegen andere heterosexuelle „Freundschaften" ausbilden, die Weibchen und Jungtiere beschützen (Smuts, 1985). Es ist spekuliert worden, daß schimpansenähnliche Menschenaffen ebenfalls versucht haben, in die Steppe vorzudringen. Wegen ihrer fortdauernden Abhängigkeit vom Wald und vielleicht auch wegen ihrer weniger weit entwickelten Kooperation zwischen den Geschlechtern sind sie möglicherweise von Hominiden, die den gleichen Schritt konsequenter vollzogen haben, in ihr altes Habitat zurückgedrängt worden. Wenn Schimpansen tatsächlich von Menschenaffen abstammen, die auf dem Weg waren, Anpassungen an die Savanne zu entwickeln, dabei aber nicht erfolgreich waren, dann könnte man sie als das Produkt einer Dehumanisierung bezeichnen (Kortlandt und van Zon, 1969).

4   Wenn man die Primatenordnung insgesamt betrachtet, haben sowohl die *Hylobatidae* (Gibbons und Siamangs) als auch die *Callitrichidae* (Marmosetten und Tamarine) Paarungssysteme entwickelt, die wie bei unserer Art auf einer heterosexuellen Bindung beruhen. Ein wichtiger Unterschied blieb jedoch bestehen: Während menschliche Familien innerhalb großer Gemeinschaften kooperieren, bilden die Familien dieser Primaten separate territoriale Einheiten.

5   Van Schaik und Dunbar (1990) spekulieren, daß der Grund für die Monogamie bei Gibbons und anderen Primaten der Schutz vor einem Infantizid ist. Für beide Autoren stellt der Infantizid eine verborgene Kraft in der Evolution dar, deren Wirkungen unbeobachtet bleiben, bis Gegenstrategien scheitern. Nach ihrer Ansicht könnte sich auch die menschliche Paarbindung ursprünglich als Maßnahme gegen den Infantizid entwickelt haben. Smuts (1992) schlägt ein verwandtes Szenario vor, nach dem die menschliche Paarbindung anfänglich dazu diente, die Frauen gegen Vergewaltigung, sexuelle Belästigung und andere Formen männlicher Gewalt zu schützen. Wenn das richtig ist, dann sieht man die „Sex-für-Nahrung"-Hypothese von Lovejoy (1981) und Fisher (1983) am besten als eine sekundäre Entwicklung an. Das heißt, der Austausch von Ressourcen und Dienstleistungen zwischen Geschlechtspartnern baut auf dem anfänglichen Schutzarrangement auf.

6   In freier Wildbahn gebrauchen weibliche Schimpansen häufiger und geschickter Werk-
     zeuge als männliche (McGrew, 1979; Boesch und Boesch, 1984).

7   Der Begriff *homosexuell* dient hier ausschließlich dazu, den sexuellen Kontakt zwischen
     Vertretern des gleichen Geschlechts zu beschreiben. Sexuelle Orientierung oder Identität
     sind damit nicht gemeint. Im Gegensatz zu Menschen orientieren sich Bonobos, soweit
     wir wissen, niemals ausschließlich auf die Mitglieder des einen oder anderen Ge-
     schlechts. Das heißt, keiner dieser Menschenaffen ist homosexuell oder heterosexuell im
     üblichen Sinn; Bonobos sind buchstäblich pansexuell.

8   Das Problem mit einer Argumentationslinie, die männliche Interessen insgesamt berück-
     sichtigt, ist, daß die natürliche Selektion mit relativem Reproduktionserfolg arbeitet. Aus
     der Perspektive eines jeden Männchens ist die Eliminierung des Infantizids nur dann et-
     was wert, wenn sie den eigenen Reproduktionserfolg im Vergleich zu anderen Männchen
     fördert.

9   Weibliche Dominanz bleibt das erstaunlichste Merkmal der Bonobogesellschaft. Hat die
     weibliche Kooperation als Schutz gegen Infantizid nicht ausgereicht? War das Dominieren
     der Männer ein notwendiger Schritt auf dem Weg, diesen Schutz zu vervollständigen, oder
     wurde diese Dominanz entwickelt, um andere Ziele zu erreichen? Es ist leicht zu sehen,
     welche Vorteile es Frauen bringt, Nahrung monopolisieren zu können, aber trifft das nicht
     auch für eine Reihe anderer Arten zu, die niemals eine weibliche Dominanz entwickelt ha-
     ben? Bei männlich dominierten Primaten kann der Zugang von Artgenossinnen zur Nah-
     rung durch andere Mechanismen gewährleistet werden, etwa durch ein hohes Niveau
     männlicher Toleranz weiblichen Artmitgliedern gegenüber. Kurz gesagt, es bleibt unklar,
     warum Bonobos von weiblichen Allianzen, wie wir sie von vielen Arten kennen, zu einer
     echten weiblichen Dominanz übergegangen sind.
     Eine dieser Fragen, die näherer Untersuchung bedarf, ist, in welchem Ausmaß die weibli-
     che Priorität, wenn es ums Essen geht, aggressiv verstärkt wird. Seit Yerkes (1941) wissen
     wir, daß es einer einzelnen Schimpansenfrau häufig gelingt, ihre Priorität zu behaupten,
     wenn sie eine Genitalschwellung aufweist: Der Mann tritt zurück und überläßt ihr die
     Nahrung. Könnte es sein, daß Bonobomänner das gleiche tun? Da die Frauen ihrer Art ei-
     nen großen Teil der Zeit Schwellungen aufweisen, könnte sich der Vorteil, dessen sich
     Frauen erfreuen, wenn sie sexuell attraktiv sind, in einen Dauerzustand verwandelt haben.

KAPITEL 6 EINFÜHLUNGSVERMÖGEN

1   Der Wassenaar-Zoo in den Niederlanden wurde ein paar Jahre später geschlossen. Seine
     Bonobos kamen in den Milwaukee County Zoo in den Vereinigten Staaten.

2   Man ist versucht zu spekulieren, Bonobos seien mit Oxytocin überflutet. Dieses Säuger-
     hormon fördert die Mutter-Kind-Bindung. Oxytocin wird bei der Geburt und beim Stil-
     len freigesetzt; seine ursprüngliche Funktion ist es, die für Geburt und Laktation notwen-
     digen Muskelkontraktionen auszulösen. Wenn das Hormon jedoch das Gehirn erreicht,
     übt es offenbar ein breiteres Wirkungsspektrum aus. Wie sich herausgestellt hat, stimu-
     liert Oxytocin bei Nagetieren die Zuwendung und wird auch seinerseits bei zuwendungs-
     orientiertem Verhalten ausgeschüttet (Insel, 1992). Falls im Blut von Bonobos tatsächlich
     Oxytocin in großen Mengen zirkuliert – eine überprüfbare Hypothese –, so könnte das
     ihr hohes Niveau an sozialer und sexueller Bindung erklären. Diese Möglichkeit ist je-
     doch keine Alternative zu dem evolutionären Szenario, das in Kapitel 5 diskutiert wurde.
     Wenn Bonobos physiologische Mechanismen aufweisen, die sie intensiven Kontakt su-
     chen und vielleicht aus solchem Kontakt Befriedigung ziehen lassen, so bleibt die Frage,
     wie sich diese Mechanismen entwickelt haben. Allgemein geht man davon aus, daß die
     natürliche Selektion belohnende Erfahrungen mit bestimmten Verhaltensweisen „ver-
     knüpft", um die Tiere dazu zu bringen, das zu tun, was am besten für sie ist.

3   Diese Szene zwischen Kanzi und Tamuli ist in einem Fernsehdokumentarfilm mit dem
     Titel „Bonobo People" zu sehen, der von NHK/Japan produziert worden ist (deutsch:
     „Kanzi – der geniale Affe").

4   Yerkes (1925), 246

1   Nur wenige gefangene Bonobos in der Welt fallen nicht unter die Jurisdiktion des internationalen Zuchtprogramms von SSP und EESP; diese Organisationen geben alle zwei Jahre das *International Studbook* [Zuchtbuch] *of the Bonobo* heraus, aus dem die folgenden Daten stammen. Am 1. Januar 1996 hielten folgende Zoos und Forschungsstationen Bonobos:

Institution	Land	*Männer*	*Frauen*	*insgesamt*
Planckendael (Antwerpen/Mechelen)	Belgien	5	4	9
Zoo von Antwerpen	Belgien	2	0	2
Berliner Zoo	Deutschland	2	2	4
Zoo von Cincinnati	USA	3	3	6
Zoo von Columbus	USA	4	2	6
Zoo von Fort Worth	USA	3	0	3
Frankfurter Zoo	Deutschland	1	7	8
Kölner Zoo	Deutschland	2	3	5
Language Research Center (Atlanta)	USA	2	4	6
Leipziger Zoo	Deutschland	2	1	3
Zoo von Milwaukee	USA	5	6	11
Zoo von Morelia	Mexico	2	1	3
San Diego Wild Animal Park	USA	2	4	6
Zoo von San Diego	USA	3	6	9
Stuttgarter Zoo	Deutschland	4	4	8
Zoo von Twycross	Grossbritannien	3	2	5
Zoo von Wuppertal	Deutschland	4	1	5
Yerkes Primate Research Center (Atlanta)	USA	2	3	5
Weltbestand insgesamt		51	53	104

2   Kopien des *International Studbook of the Bonobo*, das detaillierte Informationen über die Bonobobestände der zoologischen Gesellschaften weltweit enthält, können über Bruno van Puijenbroek, Königliche Zoologische Gesellschaft von Antwerpen, Koningin Astridplein 26, Antwerpen, Belgien, bezogen werden.

Asquith, P. 1989. Provisioning and the study of free-ranging primates: History, effects, and prospects. *Yearbook of Physical Anthropology* 32: 129–58.

van den Audenaerde, D.F.E.T. 1984. The Tervuren Museum and the pygmy chimpanzee. In *The Pygmy Chimpanzee*, R.L. Susman (Hrsg.), 3–11. New York: Plenum Press.

Badrian, A. und N. Badrian. 1977. Pygmy chimpanzees. *Oryx* 13: 463–68.

—. 1984a. The Bonobo branch of the family tree. *Animal Kingdom* 87, 4: 39–45.

—. 1984b. Social organization of *Pan paniscus* in Lomako Forest, Zaire. In *The Pygmy Chimpanzee*, R.L. Susman (Hrsg.), 325–46. New York: Plenum Press.

Blount, B.G. 1990. Issues in bonobo (*Pan paniscus*) sexual behavior. *American Anthropologist* 92: 702–14.

Boesch, C. 1991. The effects of leopard predation on grouping patterns in forest chimpanzees. *Behaviour* 117: 220–42.

Boesch, C. und H. Boesch. 1984. Sex differences in the use of natural hammers by wild chimpanzees: A preliminary report. *Journal of Human Evolution* 13: 415–585.

Boesch, H. und C. Boesch. 1994. Hominization in the rainforest: The chimpanzee's piece of the puzzle. *Evolutionary Anthropology* 3, 1: 9–16.

Bolk, L. 1926. *Das Problem der Menschwerdung*. Jena: Gustav Fischer.

van Bree, P.J.H. 1963. On a specimen of *Pan paniscus* Schwarz, 1929, which lived in the Amsterdam Zoo from 1911 till 1916. *Zoologische Garten* 27: 292–95.

Buttersworth, G.E., P.L. Harris, A.M. Leslie und H.M. Wellman. 1991. *Perspectives on the Child's Theory of Mind*. Oxford: Oxford University Press.

Campbell, S. 1980. Kakowet. *Zoonooz*, December: 7–11.

Cartmill, M. 1993. *A View to a Death in the Morning: Hunting and Nature through History*. Cambridge, Mass.: Harvard University Press.

Clarke, R.J. und P.V. Tobias. 1995. Sterkfontein member 2 foot bones of the oldest South African hominid. *Science* 269: 521–24.

Coolidge, H.J. 1933. *Pan paniscus*: Pygmy chimpanzee from south of the Congo River. *American Journal of Physical Anthropology* 18: 1–57.

—. 1984. Historical remarks bearing on the discovery of *Pan paniscus*. In *The Pygmy Chimpanzee*, R.L. Susman (Hrsg.), ix–xiii. New York: Plenum Press.

Dahl, J.F. 1986. Cyclic perineal swelling during the intermenstrual intervals of captive female pygmy chimpanzees (*Pan paniscus*). *Journal of Human Evolution* 15: 369–85.

Dahl, J.F., R.D. Nadler und D.C. Collins. 1991. Monitoring the ovarian cycles of *Pan troglodytes* and *P. paniscus*: A comparative approach. *American Journal of Primatology* 24: 195–209.

Darwin, C. 1965 [1872]. *The Expression of the Emotions in Man and Animals*. Chicago: University of Chicago Press.

Diamond, M. 1990. Selected cross-generational sexual behavior in traditional Hawai'i: A sexological ethnography. *In Pedophilia: Biosocial Dimensions*, J.R. Feierman (Hrsg), 378–93. New York: Springer.

Dyke, B., T.B. Gage, P.L. Alford, B. Swenson und S. Williams-Blangero. 1995. Model life table for captive chimpanzees. *American Journal of Primatology* 37: 25–37.

van Elsacker, L., H. Vervaeke und R.F. Verheyen. 1995. A review of terminology on aggregation patterns in bonobos (*Pan paniscus*). *International Journal of Primatology* 16: 37–52.

Fisher, H. 1983. *The Sex Contract: The Evolution of Human Behavior*. New York: Quill.

Freeman, D. 1983. *Margaret Mead and Samoa*. Cambridge, Mass.: Harvard University Press.

Friedl, E. 1994. Sex the Invisible. *American Anthropologist* 96: 833–44.

Fruth, B. 1995. *Nests and Nest Groups in Wild Bonobos (Pan paniscus): Ecological and Behavioral Correlates*. Aachen: Shaker.

Fruth, B. und G. Hohmann. 1994. Comparative analyses of nest building behavior in bonobos and chimpanzees. In *Chimpanzee Cultures*, R.W. Wrangham, W.C. McGrew, F.B.M.de Waal und P. Heltne (Hrsg.), 109–28. Cambridge, Mass.: Harvard University Press.

Furuichi, T. 1987. Sexual swellings, receptivity, and grouping of wild pygmy chimpanzee females at Wamba, Zaire. *Primates* 28: 309–18.

—. 1989. Social interactions and the life history of female *Pan paniscus* in Wamba, Zaire. *International Journal of Primatology* 10: 173–97.

L I T E R A T U R

—. 1992a. Dominance status of wild bonobos (*Pan paniscus*) at Wamba, Zaire. Paper des Vortrages auf dem 24. Kongress der „International Primatological Society", Strasbourg, Frankreich.

—. 1992b. The prolonged estrus of females and factors influencing mating in a wild group of bonobos (*Pan paniscus*) in Wamba, Zaire. In *Topics in Primatology*, vol. 2: *Behavior, Ecology, and Conservation*, N. Itoigawa, Y. Sugiyama, G.P. Sackett und R.K.R. Thompson (Hrsg.), 179–90. Tokyo: University of Tokyo Press.

Furuichi, T. und H. Ihobe. 1994. Variation in male relationships in bonobos and chimpanzees. *Behaviour* 130: 211–28.

Gallup, G. 1982. Self-awareness and the emergence of mind in primates. *American Journal of Primatology* 2: 237–48.

Gerloff, U., C. Schlötterer, K. Rassmann, I. Rambold, G. Hohmann, B. Fruth und D. Tautz. 1995. Amplification of hypervariable simple sequence repeats (microsatellites) from excremental DNA of wild living bonobos (*Pan paniscus*). *Molecular Ecology* 4: 515–18.

Goldfoot, D.A., H. Westerborg-van Loon, W. Groeneveld und A.K. Slob. 1980. Behavioral and physiological evidence of sexual climax in the female stump-tailed macaque (*Macaca arctoides*). *Science* 208: 1477–79.

Goodall, J. [van Lawick-]. 1968. The behaviour of free-living chimpanzees in the Gombe Stream Reserve. *Animal Behaviour Monographs* 1: 161–311.

—. 1992. Unusual violence in the overthrow of an alpha male chimpanzee at Gombe. In *Topics in Primatology*, vol. 1: *Human Origins*, T. Nishida, W.C. McGrew, P. Marler, M. Pickford und F.B.M. de Waal (Hrsg.), 131–42. Tokyo: University of Tokyo Press.

Gould, S.J. 1977. *Ontogeny and Phylogeny*. Cambridge, Mass.: Harvard University Press, Belknap Press.

Hashimoto, C. und T. Furuichi. 1994. Social role and development of noncopulatory sexual behavior of wild bonobos. In *Chimpanzee Cultures*, R.W. Wrangham, W.C. McGrew, F.B.M. de Waal und P. Heltne (Hrsg.), 155–68. Cambridge, Mass.: Harvard University Press.

Heublein, E. 1977. Kakowet's family. *Zoonooz*, October: 5–10.

Hockett, C.F. und R. Ascher (Hrsg.), 1968 [1964]. The human revolution. In *Culture: Man's Adaptive Dimension*, A. Montagu, 20–101. Oxford: Oxford University Press.

Hohmann, G. und B. Fruth. 1993. Field observations on meat sharing among bonobos (*Pan paniscus*). *Folia primatologica* 60: 225–29.

—. Im Druck. Food sharing and status in provisioned bonobos (*Pan paniscus*): Preliminary results. In *Food and the Status Quest*, P. Wiessner und W. Schiefenhövel (Hrsg.). Oxford: Berghahn Publications.

van Hooff, J.A.R.A.M. 1972. A comparative approach to the phylogeny of laughter and smiling. In *Non-verbal Communication*, R.A. Hinde (Hrsg.), 209–41. Cambridge: Cambridge University Press.

—. 1973. A structural analysis of the social behaviour of a semi-captive group of chimpanzees. In *Expressive Movement and Non-verbal Communication*, M. von Cranach und I. Vine (Hrsg.), 75–162. London: Academic Press.

Hopkins, W.D. und F.B.M. de Waal. 1995. Behavioral laterality in captive bonobos (*Pan paniscus*): Replication and extension. *International Journal of Primatology* 16: 261–76.

Hopkins, W.D. und R.D. Morris. 1993. Handedness in great apes: A review of findings. *International Journal of Primatology* 14: 1–25.

Hrdy, S.B. 1979. Infanticide among animals: A review, classification, and examination of the implications for the reproductive strategies of females. *Ethology and Sociobiology* 1: 13–40.

Hrdy, S.B. und P.L. Whitten. 1987. Patterning of sexual activity. In *Primate Societies*, B. Smuts et al. (Hrsg.), 370–84. Chicago: University of Chicago Press.

Idani, G. 1990. Relations between unit-groups of bonobos at Wamba: Encounters and temporary fusions. *African Study Monographs* 11: 153–86.

—. 1991. Social relationships between immigrant and resident bonobo (*Pan paniscus*) females at Wamba. *Folia primatologica* 57: 83–95.

Ihobe, H. 1992. Male-male relationships among wild bonobos (*Pan paniscus*) at Wamba, Republic of Zaire. *Primates* 33: 163–79.

Ingmanson, E. 1966. Tool-using behavior in wild *Pan paniscus*: Social and ecological considerations. In *Reaching into Thought: The Minds of the Great Apes*, A. Russon, K.A. Bard und S.T. Parker (Hrsg.), 190–210. Cambridge: Cambridge University Press.

Insel, T.R. 1992. Oxytocin—A neuropeptide for affiliation: Evidence from behavioral, receptor autoradiographic, and comparative studies. *Psychoneuroendocrinology* 17: 3–35.

Jordan, C. 1977. Das Verhalten zoolebender Zwergschimpansen. Diss., Goethe Universität, Frankfurt.

—. 1982. Object manipulation and tool-use in captive pygmy chimpanzees (*Pan paniscus*). *Journal of Human Evolution* 11: 35–39.

Kano, T. 1980. Social behavior of wild pygmy chimpanzees (*Pan paniscus*) of Wamba: A preliminary report. *Journal of Human Evolution* 9: 243–60.

—. 1984. Observations of physical abnormalities among the wild bonobos (*Pan paniscus*) of Wamba, Zaire. *American Journal of Physical Anthropology* 63: 1–11.

—. 1989. The sexual behavior of pygmy chimpanzees. In *Understanding Chimpanzees*, ed. P.G. Heltne und L.A. Marquardt, 176–83. Cambridge, Mass.: Harvard University Press.

—. 1992. *The Last Ape: Pygmy Chimpanzee Behavior and Ecology*. Stanford, Calif.: Stanford University Press.

—. 1996. Male ranking order and copulation rate in a unit-group of bonobos at Wamba, Zaire. In *Great Ape Societies*, W.C. McGrew, L. Marchant und T. Nishida (Hrsg.), 135–45. Cambridge: Cambridge University Press.

Kortlandt, A. 1972. *New Perspectives on Ape and Human Evolution*. Amsterdam: Stichting voor Psychobiologie, Universität Amsterdam.

Kortlandt, A. und J.C.J. van Zon. 1969. The present state of research on the dehumanization hypothesis of African ape evolution. In *Proceedings of the 2nd Congress of the International Primatalogical Society, Atlanta (Ga.)*, 3: 10–13. Basel: Karger.

Kummer, H. 1968. *Social Organization of Hamadryas Baboons: A Field Study*. Chicago: University of Chicago Press.

Kuroda, S. 1979. Grouping of the pygmy chimpanzee. *Primates* 20: 161–83.

—. 1980. Social behavior of the pygmy chimpanzees. *Primates* 21: 181–97.

—. 1982. *The Unknown Ape: The Pygmy Chimpanzee* (Japanisch). Tokyo: Chikuma-Shobo.

—. 1984. Interaction over food among pygmy chimpanzees. In *The Pygmy Chimpanzee*, R.L. Susman (Hrsg.), 301–24. New York: Plenum Press.

—. 1989. Developmental retardation and behavioral characteristics in the pygmy chimpanzees. In *Understanding Chimpanzees*, P.G. Heltne und L.A. Marquardt, 184–93. Cambridge, Mass.: Harvard University Press.

Lanting, F. 1995. Okawango. Afrikas letztes Paradies. Steinfurt: Tecklenborg.

Lanting, F. 1997. Eye to Eye. Köln: Taschen Verlag

Lasswell, H. 1936. *Who Gets What, When and How*. New York: McGraw-Hill.

Learned, B. 1925. Voice and "language" of young chimpanzees. In *Chimpanzee Intelligence and Its Vocal Expressions*, R.M. Yerkes und B. Learned (Hrsg.), 57–157. Baltimore: Williams & Wilkins.

Lovejoy, C.O. 1981. The origin of man. *Science* 211: 341–50.

Malenky, R.K. und R.W. Wrangham. 1994. A quantitative comparison of terrestrial herbaceous food consumption by *Pan paniscus* in the Lomako Forest, Zaire, and *Pan troglodytes* in the Kibale Forest, Uganda. *American Journal of Primatology* 32: 1–12.

Malinowski, B. 1929. *The Sexual Life of Savages*. London: Lowe & Brydone.

McGrew, W.C. 1979. Evolutionary implications of sex-differences in chimpanzee predation and tool-use. In *The Great Apes*, D.A. Hamburg und E.R. McCown (Hrsg.), 440–63. Menlo Park, Calif.: Benjamin Cummings.

—. 1992. *Chimpanzee Material Culture*. Cambridge: Cambridge University Press.

Mori, A. 1984. An ethological study of pygmy chimpanzees in Wamba, Zaire: A comparison with chimpanzees. *Primates* 25: 255–78.

Morin, P.A., J.J. Moore, R. Chakraborty, L. Jin, J. Goodall und D.S. Woodruff. 1994. Kin selection, social structure, gene flow, and the evolution of chimpanzees. *Science* 265: 1193–1201.

Morris, D. 1967. *The Naked Ape*. New York: Dell.

—. 1977. *Manwatching: A Field Guide to Human Behaviour*. London: Jonathan Cape.

Nishida, T. 1987. Local traditions and cultural transmission. In *Primate Societies*, B. Smuts et al. (Hrsg.), 462–74. Chicago: University of Chicago Press.

Parish, A.R. 1993. Sex and food control in the "uncommon chimpanzee": How bonobo females overcome a phylogenetic legacy of male dominance. *Ethology and Sociobiology* 15: 157–79.

—. 1996a. Female relationships in bonobos (*Pan paniscus*): Evidence for bonding, cooperation, and female dominance in a male-philopatric species. *Human Nature* 7: 61–96.

—. 1996b. Timing of first reproduction in female bonobos (*Pan paniscus*). *American Journal of Primatology*.

—. Im Druck. Sexual dimorphism, maturation, and female dominance in bonobos (*Pan paniscus*). *American Journal of Physical Anthropology*.

Parish, A.R. und F.B.M. de Waal. Under review. Social relationships in the bonobo (*Pan paniscus*) redefined: Evidence for female-bonding in a "non-female bonded" primate. *Behaviour*.

Parker, S.T., R.W. Mitchell und M.L. Boccia (Hrsg.) 1994. *Self-Awareness in Animals and Humans: Developmental Perspectives*. Cambridge: Cambridge University Press.

Patterson, T. 1979. The behavior of a group of captive pygmy chimpanzees (*Pan paniscus*). *Primates* 20: 341–54.

Povinelli, D.J., S.T. Boysen und K.E. Nelson. 1990. Inferences about guessing and knowing by chimpanzees (*Pan troglodytes*). *Journal of Comparative Psychology* 104: 203–10.

Pusey, A.E. und C. Packer. 1987. Dispersal and philopatry. In *Primate Societies*, B.B. Smuts, D.L. Cheney, R.M. Seyfarth, R.W. Wrangham und T.T. Struhsaker (Hrsg.), 250–66. Chicago: University of Chicago Press.

Reynolds, V. 1967a. On the identity of the ape described by Tulp, 1641. *Folia primatologica* 5: 80–87.

—. 1967b. *The Apes*. New York: Dutton.

Rodman, P.S. und H.M. McHenry. 1980. Bioenergetics and the origin of hominid bipedalism. *American Journal of Physical Anthropology* 52: 103–6.

Sabater-Pi, J., M. Bermejo, G. Illera und J.J. Vea. 1993. Behavior of bonobos (*Pan paniscus*) following their capture of monkeys in Zaire. *International Journal of Primatology* 14: 797–803.

Savage, S. und R. Bakeman. 1978. Sexual morphology and behavior in *Pan paniscus*. In *Proceedings of the 6th International Congress of Primatology*, 613–16. New York: Academic Press.

Savage-Rumbaugh, S. und R. Lewin. 1994. *Kanzi: The Ape at the Brink of the Human Mind*. New York: Wiley.

Savage-Rumbaugh, S. und B. Wilkerson. 1978. Socio-sexual behavior in *Pan paniscus* and *Pan troglodytes*: A comparative study. *Journal of Human Evolution* 7: 327–44.

van Schaik, C.P. und R.I.M. Dunbar. 1990. The evolution of monogamy in large primates: A new hypothesis and some crucial tests. *Behaviour* 115: 30–62.

van Schaik, C.P., E.A. Fox und A.F. Sitompul. 1996. Manufacture and use of tools in wild Sumatran orangutans: Implications for human evolution. *Naturwissenschaften* 83: 186–88.

Schwarz, E. 1929. Das Vorkommen des Schimpansen am linken Kongo-Ufer. *Revue de zoologie et de botanique africaines* 16: 425–26.

Shea, B.T. 1983. Paedomorphosis and neotony in the pygmy chimpanzee. *Science* 222: 521–22.

Shreeve, J. 1996. Sunset on the Savanna. *Discover* 17, 7: 116–25.

Small, M.F. 1993. *Female Choices: Sexual Behavior of Female Primates*. Ithaca, N.Y.: Cornell University Press.

Smuts, B.B. 1985. *Sex and Friendship in Baboons*. New York: Aldine.

—. 1992. Male aggression against women. *Human Nature* 3: 1–44.

Sommer, V. 1994. Infanticide among the langurs of Jodhpur: Testing the sexual selection hypothesis with a long-term record. In *Infanticide and Parental Care*, S. Parmigiani und F.S. vom Saal (Hrsg.), 155–87. Chur, Schweiz: Harwood.

Stanyon, R., B. Chiarelli, K. Gottlieb und W.H. Patton. 1986. The phylogenetic and taxonomic status of *Pan paniscus:* A chromosomal perspective. *American Journal of Physical Anthropology* 69: 489–98.

Sterck, E.H.M. 1995. Females, foods and fights. Diss., Universität Utrecht.

Streudel, K. 1994. Locomotor energetics and hominid evolution. *Evolutionary Anthropology* 3, 2: 42–48.

Sugiyama, Y. 1967. Social organization of Hanuman langurs. In *Social Communication among Primates*, S.A. Altmann (Hrsg.), 221–53. Chicago: University of Chicago Press.

—. 1988. Grooming interactions among adult chimpanzees at Bossou, Guinea, with special reference to social structure. *International Journal of Primatology* 9: 393–408.

Susman, R.L. 1984. The locomotor behavior of *Pan paniscus* in the Lomako Forest. In *The Pygmy Chimpanzee*, R.L. Susman (Hrsg.), 369–93. New York: Plenum.

—. 1987. Pygmy chimpanzees and common chimpanzees: Models for the behavioral ecology of the earliest hominids. In *The Evolution of Human Behavior: Primate Models*, W.G. Kinzey (Hrsg.), 72–86. Albany: State University of New York Press.

Susman, R.L., J.T. Stern und W.L. Jungers. 1984. Arboreality and bipedality in the Hadar hominids. *Folia primatologica* 43: 113–56.

Suzuki, A. 1971. Carnivority and cannibalism observed among forest-living chimpanzees. *Journal of the Anthropological Society of Nippon* 79: 30–48.

Szalay, F.S. und R.K. Costello. 1991. Evolution of permanent estrus displays in hominids. *Journal of Human Evolution* 20: 439–64.

Thompson-Handler, N. 1990. The Pygmy Chimpanzee: Sociosexual Behavior, Reproductive Biology and Life History Patterns. Diss., Yale University.

Thompson-Handler, N., R.K. Malenky und G.E. Reinartz. 1995. *Action Plan for* Pan paniscus: *Report on Free Ranging Populations and Proposals for Their Preservation*. Milwaukee: Zoological Society of Milwaukee County.

Tomasello, M., S. Savage-Rumbaugh und A.C. Kruger. 1993. Imitative learning of actions on objects by children, chimpanzees, and enculturated chimpanzees. *Child Development* 64: 1688–1705.

Tratz, E.P. und H. Heck. 1954. Der afrikanische Anthropoide „Bonobo": Eine neue Menschenaffengattung. *Säugetierkundliche Mitteilungen* 2: 97–101.

Vauclair, J. und K. Bard. 1983. Development of manipulations with objects in ape and human infants. *Journal of Human Evolution* 12: 631–45.

de Waal, F.B.M. 1986. The brutal elimination of a rival among captive male chimpanzees. *Ethology and Sociobiology* 7: 237–51.

—. 1987. Tension regulation and nonreproductive functions of sex among captive bonobos (*Pan paniscus*). *National Geographic Research* 3: 318–335.

—. 1988. The communicative repertoire of captive bonobos (*Pan paniscus*), compared to that of chimpanzees. *Behaviour* 106: 183–251.

—. 1989 [1982]. *Chimpanzee Politics: Power and Sex among Apes*. Baltimore: Johns Hopkins University Press

—. 1989. *Peacemaking among Primates*. Cambridge, Mass.: Harvard University Press.

—. 1991 Wilde Diplomaten. Versöhnung und Entspannungspolitik bei Affen und Menschen. München: Hanser.

—. 1992. Appeasement, celebration, and food sharing in the two *Pan* species. In *Topics in Primatology*, vol. 1: *Human Origins*, T. Nishida, W.C. McGrew, P. Marler, M. Pickford und F.B.M. de Waal (Hrsg.), 37–50. Tokyo: University of Tokyo Press.

—. 1997. Der gute Affe. München: Hanser

—. 1994. The chimpanzee's adaptive potential: A comparison of social life under captive and wild conditions. In *Chimpanzee Cultures*, R.W. Wrangham, W.C. McGrew, F.B.M. de Waal und P. Heltne (Hrsg.), 243–60. Cambridge, Mass.: Harvard University Press.

—. 1995. Sex as an alternative to aggression in the bonobo. In *Sexual Nature, Sexual Culture*, P. Abramson und S. Pinkerton (Hrsg), 37–56. Chicago: University of Chicago Press.

—. 1996. *Good Natured: The Origins of Right and Wrong in Humans and Other Animals*. Cambridge, Mass.: Harvard University Press.

Walraven, V., L. van Elsacker und R. Verheyen. 1995. Reactions of a group of pygmy chimpanzees (*Pan paniscus*) to their mirror-images: Evidence of self-recognition. *Primates* 36: 145–50.

Wescott, R.W. 1968 [1963]. In *Culture: Man's Adaptive Dimension*, ed. A. Montagu, 91–93. Oxford: Oxford University Press.

Westergaard, G.C. und C.W. Hyatt. 1994. The responses of bonobos (*Pan paniscus*) to their mirror images: Evidence of self-recognition. *Human Evolution* 9: 273–79.

White, F.J. und C.A. Chapman. 1994. Contrasting chimpanzees and bonobos: Nearest neighbor distances and choices. *Folia primatologica* 63: 181–91.

White, F.J. und R.W. Wrangham. 1988. Feeding competition and patch size in the chimpanzee species *Pan paniscus* and *P. troglodytes*. *Behaviour* 105: 148–64.

Whiten, A. 1991. *Natural Theories of Mind: Evolution, Development and Simulation of Everyday Mindreading*. Oxford: Blackwell.

Whyte, M.K. 1978. Cross-cultural codes dealing with the relative status of women. *Ethnology* 17: 211–37.

Wrangham, R.W. 1986. Ecology and social relationships in two species of chimpanzee. In *Ecology and Social Evolution: Birds and Mammals*, D.I. Rubenstein und R.W. Wrangham (Hrsg.), 353–78. Princeton, N.J.: Princeton University Press.

—. 1993. The evolution of sexuality in chimpanzees and bonobos. *Human Nature* 4: 47–79.

Wrangham, R.W., W.C. McGrew, F.B.M. de Waal und P. Heltne (Hrsg.) 1994. *Chimpanzee Cultures*. Cambridge, Mass.: Harvard University Press.

Yerkes, R.M. 1925. *Almost Human*. New York: Century.

—. 1941. Conjugal contrasts among chimpanzees. *Journal of Abnormal and Social Psychology* 36: 175–99.

Zihlman, A.L. 1984. Body build and tissue composition in *Pan paniscus* and *Pan troglodytes*, with comparisons to other hominoids. In *The Pygmy Chimpanzee*, R.L. Susman (Hrsg.), 179–200. New York: Plenum.

Zihlman, A.L., J.E. Cronin, D.L. Cramer und V.M. Sarich. 1978. Pygmy chimpanzee as a possible prototype for the common ancestor of humans, chimpanzees, and gorillas. *Nature* 275: 744–46.

Dieses Buch wäre ohne die enthusiastische Mitarbeit einiger der wichtigsten internationalen Bonoboexperten nie zustande gekommen. Nur eine Handvoll Wissenschaftler kann sich so nennen, und jeder von ihnen hat Wichtiges zu dem Bild der Bonobogesellschaft beigetragen, das wir auf diesen Seiten entworfen haben. Einige Experten arbeiten als Feldforscher, andere in Zoos und wiederum andere in Laboratorien, aber alle waren bereit, ihre Gedanken und Ergebnisse mit uns zu diskutieren. Unser besonderer Dank gilt den sechs Interviewpartnern, die freundlicherweise auch Teile des Manuskripts gelesen und kommentiert haben: Barbara Fruth, Gottfried Hohmann, Takayoshi Kano, Suehisa Kuroda, Amy Parish und Sue Savage-Rumbaugh.

Weitere Informationen steuerten Marianne Holtkötter, Richard Malenky, Gay Reinartz, Wulf Schievenhövel, Meredith Small und Nancy Thompson-Handler bei. Wenn wir auch für den Inhalt des Buches allein verantwortlich sind, danken wir doch all den oben genannten Kollegen für Hinweise auf Fehler, für zusätzliche Informationen und dafür, daß sie uns dazu gebracht haben, bestimmte Gedanken klarer zu formulieren.

D A N K S A G U N G

Frans de Waals Bonoboforschung im Zoo von San Diego wurde von der National Geographic Society und dem Wisconsin Regional Primate Research Center in Madison unterstützt. Die großzügige Unterstützung der Carl Friedrich von Siemens Stiftung ermöglichte mir einen Aufenthalt in München, wo ich mich, abgesehen von gelegentlichen Spaziergängen im Englischen Garten, ganz dem Schreiben widmen konnte. (Der Ort ist von symbolischer Bedeutung, denn die ersten Verhaltensuntersuchungen an Bonobos fanden in den dreißiger Jahren in dieser Stadt statt.) Ich danke Wulf und Grete Schievenhövel, Marianne Oertl, Heinrich und Wiebke Meier und anderen Bayern für ihre herzliche Gastfreundschaft. Meine Frau, Catherine Marin, war mir eine liebevolle Begleiterin und las trotz drängender anderweitiger Verpflichtungen alle Erstentwürfe. Ich danke auch deutschen, österreichischen und niederländischen Zuhörern für ihre Fragen und Kommentare im Anschluß an meine Vorträge über Bonobos; ihr Feedback hat die Diskussionen in diesem Buch mit geprägt.

Frans Lantings Expedition nach Wamba, Republik Kongo, wurde von der National Geographic Society unterstützt. Für Hilfe in Afrika danke ich Takayoshi Kano, Takeshi Furuichi, Chie Hashimoto, Ellen Ingmanson, dem verstorbenen Pater Piet von der Yalisele-Mission, Harry Goodall, Mike Chambers, Delfi Messinger, der Mission Aviation Fellowship, dem Institut Zaïrois pour la Conservation de la Nature, dem Institut National de la Recherche Biomédicale, Mankoto ma Mbaelele sowie Karl und Kathrine Ammann und Mzee. In den Vereinigten Staaten danke ich dem Zoo von Atlanta, dem Zoo von Columbia, dem Zoo von Cincinnati, dem Zoo von San Diego, dem San Diego Wild Animal Park, dem Language Research Center der Georgia State University, Adrienne Zihlman, Amy Parish, Geza Teleki, Bob Caputo, Isabel Stirling und der Nikon Inc. für ihre Hilfe. In den Niederlanden möchte ich Anton van Hooff vom Burgers-Zoo und den tüchtigen Ärzten im Rotterdamer Hafenkrankenhaus danken, die mich von einem schlimmen Anfall zerebraler Malaria kurierten. Für die Unterstützung bei der National Geographic Society bin ich den früheren Redakteuren Bill Garrett und Bill Graves, Mary Smith, Bill Allen, Tom Kennedy, Kent Kobersteen, Al Royce, Neva Folk, Ann Judge, Jane Vessels und dem Photo Equipment Shop zu Dank verpflichtet. Mein besonderer Dank gilt Sue Savage-Rumbaugh und Duane Rumbaugh, dem Personal von Minden Pictures, Julia Belanger, Kristine Asuncion, Michelle Reynolds und dem Personal der Frans Lanting Photography. Christine Eckstroms redaktionelles Urteil hat mir sehr dabei geholfen, meine eigene Vorstellung zu konkretisieren. Last but not least möchte ich Kanzi, Loretta, Sen, Panbanisha, Akili und all den anderen Bonobos danken, die dabei geholfen haben, die Grenze zwischen Menschenaffen und Menschen vor meinen Augen verschwimmen zu lassen.

FRANS B. M. DE WAAL
Atlanta, Georgia

FRANS LANTING
Santa Cruz, Kalifornien

Artis Zoo, Amsterdam, Niederlande: Seite 4
Burgers Dierenpark Arnhem, Niederlande: Seite 21
Central Zaire: Seiten 31, 56
Cincinnati Zoo: Seiten x–xi, 170
Columbus Zoo: Seite 146 links
Kahuzi Biega National Park, Zaire: Seite 19
Language Research Center, Georgia State University: Seiten 39, 45, 46
Orphanage of Delfi Messinger, Kinshasa, Zaire: Seiten 130, 144, 145, 146 rechts, 177
Private care, Kenya: Seite 20
Sabah, Borneo: Seite 17
San Diego Zoo and San Diego Wild Animal Park: Seiten vi–vii, xvi, 51, 52, 54, 55, 98, 102, 111,
    121, 124, 125, 128, 129, 131, 132, 147, 152, 155, 162, 163, 164, 166, 167, 184, 204
Wamba, Zaire: Seiten ii, viii–ix, xii, 14–15, 22, 48, 49, 50, 53, 61, 69, 73, 77, 83, 84, 90, 91, 92, 93,
    94, 95, 96, 97, 106, 126, 127, 148, 149, 150, 151, 165, 168, 169, 172, 175, 178, 179, 180, 181, 182, 183
Yerkes Primate Center, Atlanta: Seite 9
Zoo Atlanta: Seiten 16, 18

B I L D N A C H W E I S

WIE SIE HELFEN KÖNNEN

Weitere Informationen über den Schutzstatus von Bonobos in der Wildnis findet man im „Action Plan for Pan paniscus" (Thompson-Handler u. a., 1995), den man von Dr. Gay Reinartz, Bonobo SSP Coordinator, Zoological Society of Milwaukee County, 10005 W. Bluemound Road, Milwaukee, WI 53226, USA, erhalten kann.

Leser, die Geld für den Schutz der Bonobos spenden möchten, sollten Kontakt mit dem nächstgelegenen zoologischen Garten aufnehmen, der diese Tiere pflegt. Mehrere zoologische Gesellschaften unterstützen die Feldforschung an Bonobos oder Schutzprojekte. Die folgenden Organisationen fördern Schutzprojekte speziell in der Republik Kongo (ehemals Zaire):

The Bonobo Protection and Conservation Fund
Laboratory of Human Evolution Studies
(c/o Dr. Suehisa Kuroda)
Faculty of Science
Kyoto University
Sakyo, Kyoto, 606 JAPAN

Language Research Center
(c/o Dr. Sue Savage-Rumbaugh)
Georgia State University Foundation
University Plaza
Atlanta, GA 30303-3083, USA

Zoological Society of Kinshasa
Delfi Messinger
c/o P. O. Box 1106
Port Isabel
TX 78578, USA

Conservation Fund of the American
Society of Primatologists (ASP)
Dr. Ramon Rhine, Chair
Psychology Department
University of California
Riverside, CA 92521, USA

WEITERE INFORMATIONEN

Im World Wide Web können Sie unter folgenden Adressen Informationen über Bonobos und andere Primaten abrufen:

http://www.primate.wisc.edu/pin/
    (Primaten-Infonetz des Wisconsin Primate Center)
http://weber.u.washington.edu/wcalvin/bonobo.html
    (einige Informationen über zoolebende Bonobos)
http://jinrui.zool.kyoto-u.ac.jp/PAN/home.html
    (Newsletter des Japan-Zentrums für die Erhaltung und den Schutz der Schimpansen)
http://www.asp.org/
    (Homepage der American Society of Primatologists)

Wenn Sie sich für die Arbeit von Frans Lanting interessieren, kontaktieren Sie Terra Editions. P. O. Box 409, Davenport, CA 95017, USA, oder besuchen Sie seine WWW-Seite: http://www.lanting.com